U0571744

服装3D设计与展示

主　编　王雪梅　祖秀霞
副主编　张培武

北京理工大学出版社
BEIJING INSTITUTE OF TECHNOLOGY PRESS

内 容 提 要

服装 3D 设计与展示是服装专业的专业核心课程，本书通过 Style3D 软件讲授虚拟模特编辑、数字化服装和面料等的详细制作过程。全书共有 11 个项目：项目 1 软件概述与数字化面料操作，介绍下载、安装和调试相关软件方法，以及相关软件基础工具和功能，能够使用 Style3D Fabric 软件进行数字化面料制作；项目 2 虚拟模特编辑，通过对外观、尺寸、姿势等编辑，得到个性化定制虚拟模特；项目 3 T恤衫，使读者掌握缝纫技巧，掌握单独纹样在数字化服装中的应用，学习制作渲染效果；项目 4 女衬衫，介绍数字化服装中省道、顺褶、纽扣等的制作方法和细节处理方法，能够对连续纹样进行编辑；项目 5 裤子，介绍裤装的数字化制作和表现方法；项目 6 连衣裙，介绍风琴褶、塔克褶、蝴蝶结等在数字化服装设计中的制作方法与技巧；项目 7 男西装，介绍数字化服装制作中男西装的真实工艺还原方法；项目 8 羽绒服，介绍羽绒服充绒效果制作方法，以及拉链、四合扣等的应用与编辑；项目 9 瑜伽服，介绍在 3D 软件中绘制和编辑版片的方法与技巧；项目 10 场景搭建，介绍服装卖场空间的搭建方法与技巧，以及道具制作、服装挂装制作的方法；项目 11 动态展示，介绍数字化服装动态展示，以及动画录制、编辑和导出的方法与技巧。

本书可作为服装专业院校的教学用书，也可作为广大服装爱好者和行业、企业从业人员的参考书或培训用书。

版权专有 侵权必究

图书在版编目（CIP）数据

服装 3D 设计与展示 / 王雪梅，祖秀霞主编 .-- 北京：
北京理工大学出版社，2024.4
ISBN 978-7-5763-3997-0

Ⅰ.①服… Ⅱ.①王… ②祖… Ⅲ.①服装设计 – 高等学校 – 教材 Ⅳ.① TS941.2

中国国家版本馆 CIP 数据核字（2024）第 098748 号

责任编辑：钟　博　　　　文案编辑：钟　博
责任校对：周瑞红　　　　责任印制：王美丽

出版发行 / 北京理工大学出版社有限责任公司
社　　址 / 北京市丰台区四合庄路 6 号
邮　　编 / 100070
电　　话 / (010) 68914026（教材售后服务热线）
　　　　　　(010) 63726648（课件资源服务热线）
网　　址 / http://www.bitpress.com.cn
版 印 次 / 2024 年 4 月第 1 版第 1 次印刷
印　　刷 / 河北鑫彩博图印刷有限公司
开　　本 / 889 mm × 1194 mm　1/16
印　　张 / 12.5
字　　数 / 343 千字
定　　价 / 88.00 元

图书出现印装质量问题，请拨打售后服务热线，负责调换

FOREWORD

前 言

随着科技的进步与发展，虚拟现实、人工智能、大数据等已经进入各行各业，并成为各领域创新和发展的重要技术手段。数字化技术已经成为服装产业中不可或缺的一部分，也是服装产业转型和升级的必然趋势。

数字化的关键是数字化技术。服装 3D 数字化技术的进步为服装设计师提供了全新的可能性。虚拟技术的可视化和仿真能力让服装设计师可以更直观地看到设计效果，更早地发现和解决潜在问题。通过数字化技术，服装设计师能够以更加精确和高效的方式进行创作，为企业缩短研发周期，提高效率，降低成本。

本书介绍 Style3D 服装设计软件的使用方法。本书本着职业教育的规律和原则，采用任务驱动教学，结合网络课程，通过 11 个项目的讲解和实操，由浅入深、由易到难地讲授了 Style3D 数字化服装、面料、场景、走秀等的设计与制作，通过图文并茂的形式使知识内容更加直观通俗易懂。本书所选服装款式均具有代表性，将教学内容与技能考核相结合，知识点和重难点突出，强化实训技能。Style3D 服装设计软件功能强大，市场使用率高。3D 服装数字化技术已经成为服装院校和企业技术人员必备的技能之一。学生可在掌握数字化技术的基础上，提升综合设计能力。

推进党的二十大精神进教材、进课堂、进头脑是培养时代新人的育人要求、教学改革创新的实践要求。育人的根本在于立德，本书将党的二十大精神融入教材，设计了"素养提升"栏目，学生在提升专业素养的同时能够树立正确的世界观、人生观和价值观。

本书是校企合作教材，由辽宁轻工职业学院王雪梅、祖秀霞担任主编，鹿鸣琼林（杭州）教育科技有限公司总监张培武担任副主编。本书在编写过程中得到了浙江凌迪数字科技有限公司和北京理工大学出版社的支持与帮助，在此表示衷心的感谢！

由于编者水平有限，书中难免存在疏漏和不妥之处，敬请广大读者批评指正。

编 者

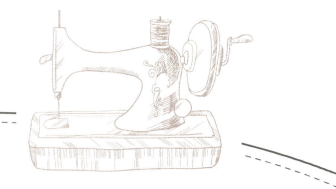

CONTENTS 目录

10 项目 10 场景搭建

11 项目 11 动态展示

项目 1 ✂
软件概述与数字化面料操作

1.1 项目表单

项目名称	软件概述与数字化面料操作
项目描述	掌握 Style3D 和 Style3D Fabric 软件的下载、安装与调试方法，掌握基础工具的功能和使用方法，能够使用 Style3D Fabric 软件进行数字面料制作
项目内容	1. 登录官方网站，下载软件； 2. 安装和调试软件（Style3D 和 Style3D Fabric）； 3. 熟悉软件界面和基础操作； 4. 掌握数字化面料制作方法
项目目标	知识目标： 1. 掌握软件的下载、安装和调试方法； 2. 了解软件界面，掌握基础操作知识； 3. 掌握数字化面料的制作方法。 技能目标： 1. 能够登录官方网站学习和下载素材； 2. 能够下载、安装和调试 Style3D 软件； 3. 能够使用 Style3D Fabric 软件进行数字化面料制作。 素质目标： 1. 培养学生热爱专业、无私奉献的精神； 2. 培养学生自主学习的意识，以及勇于创新的精神； 3. 培养学生努力钻研和坚韧不拔的毅力； 4. 培养学生文化传承的意识，增强民族认同感和自豪感
项目重点	软件下载、安装与调试
项目难点	数字化面料制作
项目资源	1. 软件下载和安装指南； 2. 微视频； 3. 网络课程

1.2　项目准备

（1）准备计算机和畅通的网络。

（2）下载软件并安装调试。

（3）登录泛雅平台，预习网络课程。

（4）课前思考。

1）常用的服装面料有哪些？它们各有什么特性？

2）判断面料成分的常用方法有哪些？

3）什么是回位图？

4）常见的传统图案有哪些？

1.3　项目实施

1.3.1　软件概述

1.3.1.1　软件下载与安装

1. 软件下载

（1）使用浏览器打开速款网站 www.sukuan3d.com，单击"免费注册"按钮，如图 1-1 所示。

图 1-1

（2）进入注册账号页面，如图 1-2 所示。输入手机号后单击"获取验证码"按钮，收到验证码后将其填至输入框，设置密码后，勾选下方"阅读并接受速款用户协议及隐私协议"，最后单击"注册账号"按钮。

图 1-2

（3）进入图 1-3 所示的界面，单击右上角的"我的工作台"按钮。

图 1-3

（4）单击左侧"全部菜单"按钮，在切换的界面分别单击"软件工具"→"Style3D 软件"和"Style3D 面料"链接进行下载，如图 1-4 所示。

图 1-4

（5）单击"下载正式版"按钮，如图 1-5 所示。

图 1-5

2. 软件安装

打开下载的 Style3D 软件安装包，双击安装文件进入安装界面，勾选"同意 Style3D 的《用户许可协议》"复选框，单击"立即安装"按钮即可登录，如图 1-6 所示。

图 1-6

1.3.1.2 软件登录与调试

1. 软件登录

如图 1-7 所示，在登录界面输入在速款平台注册的手机号和密码，勾选"我已阅读并同意服务条款和隐私政策"复选框，单击"登录"按钮。

图 1-7

2. 软件调试

执行"文件"→"偏好设置"→"用户界面"命令，"窗口模式"选择"建模"，如图 1-8 所示，即可正常操作。

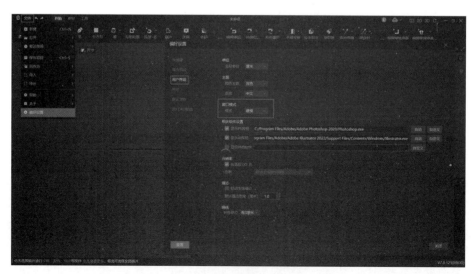

图 1-8

TIP:

安装 Style3D Fabric 软件与安装 Style3D 软件的步骤相同。

1.3.1.3 Style3D 软件界面

Style3D 软件界面如图 1-9 所示，界面左上角是菜单栏，右上角是信息显示和界面切换工具，菜单栏下面是工具栏，界面中间是 2D 视窗和 3D 视窗，界面右边是场景管理视窗和属性编辑视窗，界面左下角是工具操作的提示栏。

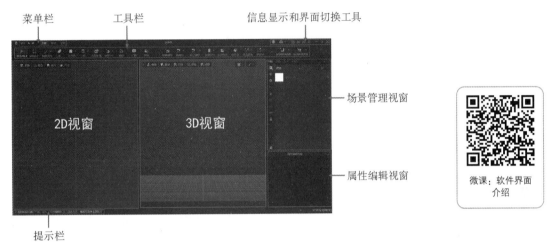

图 1-9

菜单栏有"文件""开始""素材"和"工具"4 个菜单，如图 1-10 所示。单击不同菜单会弹出相应的工具栏，单击工具按钮使用即可。

（1）文件：包含新建、打开、保存项目、导入、导出和偏好设置等工具。

（2）开始：包含版片编辑类工具、缝纫类工具和测量类工具，如图 1-11 所示。

（3）素材：有图案、纽扣、扣眼、拉链、编辑明线、编辑嵌条、编辑褶皱、灯光等工具，如图 1-12 所示。

（4）工具：包含 3D 快照、离线渲染、动画编辑器等工具，如图 1-13 所示。

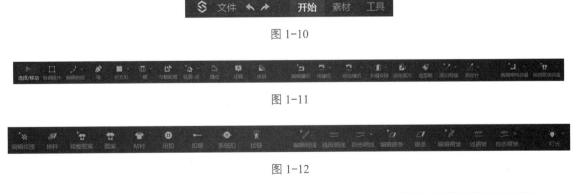

图 1-10

图 1-11

图 1-12

图 1-13

2D 视窗用于进行制版和改版等操作，如图 1-14 所示。

3D 视窗用于进行服装模拟、造型调整等操作，如图 1-15 所示。

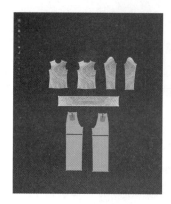

图 1-14   图 1-15

通过场景管理视窗可以查看当前使用的素材、场景、尺寸、记录等信息，如图 1-16 所示。

（5）通过属性编辑视窗可以对面料、辅料等进行参数设置和调整，如图 1-17 所示。

图 1-16   图 1-17

资源库中有服装、模特、面料/材质、图案、辅料、场景等素材，也可以进入平台和官方市场下载素材使用，如图 1-18 所示。

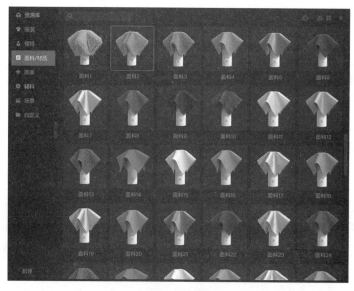

图 1-18

1.3.1.4　Style3D 工具与功能

1.“文件”菜单工具

“文件”菜单工具见表 1-1。

表 1-1　“文件”菜单工具

工具	释义
	新建：新建一个空白界面的项目文件，原来的项目文件关闭
	打开：打开项目文件、服装文件、虚拟模特、场景文件和道具文件
	最近使用：可以打开和查看最近使用过的文件
	保存项目：保存项目文件
	另存为：将文件另存为项目、服装、虚拟模特等新的文件
	导入：可以导入 DXF、OBJ、FBX 等格式文件，也可以导入图片和 AI 文件
	导出：可以导出 DXF、OBJ、FBX 等格式文件
	帮助：在线查看官方网站的功能手册、凌迪大学、新手指引、反馈、自定义菜单和快捷键
	关于：关于软件现版本的信息和软件检查更新
	偏好设置：可以对快捷键、操作预设、用户界面等进行设置

2.“开始”菜单工具

“开始”菜单工具见表 1-2。

表 1-2　“开始”菜单工具

工具	释义
	选择 / 移动：拖拽移动版片，单击鼠标右键可使用版片相关功能；在模拟状态下可以拖拽和拉扯以调整服装形态
	编辑版片：对点、边线和内部线进行选择与编辑，单击鼠标右键可使用点、边的相关功能
	编辑曲线：在版片净边或内部线上增加曲线点，单击并拖拽可以改变曲线形状，单击鼠标右键可以编辑曲线点
	编辑圆弧：调整、改变曲线形状
	笔：在 2D 视窗中创建版片，或在 2D 视窗和 3D 视窗中绘制内部线
	长方形：通过单击和拖拽绘制矩形版片或内部图形
	原形：通过单击和拖拽绘制圆形版片或内部图形
	菱形省：在版片内部单击或拖拽绘制菱形省道
	省：在版片边线上单击绘制省道
	螺旋形：可以创建螺旋形版片
	加点：在线上单击添加点或分割线段
	刀口：在版片净边上添加和编辑刀口
	褶：制作褶裥
	翻折褶裥：对制作褶的内部线快速设置和编辑折叠角度
	缝纫褶皱：快速对褶结构进行缝纫，主要用于在褶数较多且有规律时快速生成多个褶的缝纫线
	勾勒轮廓：对基础线进行编辑，把线勾勒为版片或内部线和图形
	延展 - 点：将版片分割成两部分，并将其中一部分旋转进行展开或收缩

工具	释义
	延展－线段：对版片一侧净边进行"放量"操作
	缝边：对版片净边设置和编辑缝边
	注释：在版片上插入注释或编辑注释
	放码：对顶点根据不同码的偏移量进行放码或编辑放码信息
	编辑缝纫线：选择和编辑缝纫线
	线缝纫：单击净边或内部线线段进行缝纫，选择多条线段时按 Shift 键
	多段线缝纫：单击多段线段与多段线段进行缝合，结束选择时按 Enter 键
	自由缝纫：在边线或内部线上自定义起点和终点进行缝合
	多段自由缝纫：以自由缝纫的方式将多段线段与多段线段进行缝合，结束选择时按 Enter 键
	折叠安排：在 3D 视窗中选择内部线或缝纫线对版片进行翻折
	折叠服装：对服装进行整件折叠
	设定层次：在 2D 视窗中对两个版片的层次进行设置
	造型刷：像熨斗一样对服装版片进行熨烫，做归拔工艺处理
	添加假缝：在 3D 视窗中进行点对点缝合，在模拟过程中将两个点连接起来，类似缝纫线效果
	假缝到模特：将片上的点与模特上的点进行缝合，类似用大头针把面料固定在人台上
	编辑假缝：选择和编辑假缝
	固定针（箱体）：单击或框选版片，所选区域在模拟时不发生变化，也可以拖拽改变网格的位置
	固定针（套绳）：使用套索工具在版片上框选固定区域
	选择网格（箱体）：选择版片的部分网格，可对其进行移动
	选择网格（套绳）：使用套索工具选择版片的部分网格，对其进行移动
	编辑模特测量：对模特测量进行编辑
	表面圆周测量：在 3D 视窗中对模特表面进行圆周测量
	基本圆周测量：类似用皮尺测量模特表面一周围度
	基本长度测量：对模特表面长度进行测量，不计算凹陷结构
	表面长度测量：测量模特表面两点沿模特表面的距离，计算凹陷结构
	高度测量：测量模特上一点到地面的距离
	高度差测量：测量模特两点之间的垂直距离
	编辑模特胶带：对模特胶带进行选择和编辑
	模特圆周胶带：在模特上生成圆周胶带
	模特线段胶带：模特上两点或多点之间轨迹生成的胶带
	服装贴覆到胶带：将服装版片吸附到模特人体胶带上
	编辑服装测量：对服装测量进行编辑
	服装直线测量：测量 3D 服装表面两点的空间距离
	服装圆周测量：测量 3D 服装在一个高度上围成维度的长度
	两点测量：测量 2D 版片上两点（多段两点）间线段的长度

工具	释义
	线上两点测量：测量 2D 版片同一条线上两点间线段的长度
	对比轮廓：对两个版片的轮廓进行比较
	服装截面图：通过服装截面查看服装与人体之间的空间关系

3. 素材菜单工具

"素材"菜单工具见表 1-3。

表 1-3   "素材"菜单工具

工具	释义
	编辑纹理：对版片的面料纹理进行大小、方向和位置编辑
	排料：根据版片在唛架中的位置、门幅宽和纹理等进行排料
	调整图案：对版片上的图案进行缩放、旋转、移动等编辑
	图案：在版片上添加图案
	粘衬条：对版片的边进行粘衬工艺，使其不易变形
	纽扣：在版片上添加纽扣，或对已有纽扣进行编辑
	扣眼：在版片上添加扣眼，或对已有扣眼进行编辑
	系纽扣：将纽扣和扣眼系在一起或把系好的纽扣解开
	拉链：在版片上添加拉链
	编辑明线：对已有明线进行编辑
	线段明线：对版片净边或内部线添加明线工艺，框选整个版片可对整个版片添加明线
	自由明线：在版片净边和内部线上的任意位置添加起点及终点绘制明线
	缝纫线明线：在缝纫线两侧添加明线
	编辑嵌条：对已有嵌条进行编辑
	嵌条：在版片边线或内部线上添加嵌条
	编辑褶皱：对已有的褶皱进行编辑
	线褶皱：在版片边线或内部线上添加褶皱效果
	自由褶皱：在版片边线或内部线上的任意位置单击起点和终点绘制褶皱
	缝纫线褶皱：在缝纫线两侧添加褶皱效果
	灯光：包含面光源、球形灯光、平行光、聚光灯、IES 光，为服装和模特增加亮度及调节氛围

4. "工具"菜单工具

"工具"菜单工具见表 1-4。

表 1-4   工具菜单工具

工具	释义
	3D 快照：对 3D 视窗中的成衣进行多角度快照，并可渲染和旋转动图保存
	2D 版片快照：对所有版片进行快照保存

工具	释义
	离线渲染：对服装成衣进行高清渲染并保存，可以对渲染属性和灯光等进行编辑
	齐色：对做好的成衣进行不同面料纹理和多色彩编辑
	动画编辑器：根据模特动作录制服装走秀动态展示效果
	款式浏览器：观察服装款式，查看服装所受到力的大小和服装由于受力所产生的拉伸大小
	UV 编辑器：进行 UV 移动、缩放、旋转等操作，单击鼠标右键可操作 UV 排布相关功能
	简化网格：放大粒子间距比例，对成衣版片网格数量进行简化，使文件数据内存变小
	烘焙光照贴图：把对服装成衣的光照烘焙到服装上，让成衣层次和轮廓更明显

5. 模拟工具

模拟工具见表 1-5。

表 1-5　模拟工具

工具	释义
	模拟：模拟在重力、摩擦力、缝纫线拉力等作用下服装穿在模特上的效果

1.3.1.5　Style3D Fabric 软件介绍

1. 软件界面

Style3D Fabric 软件界面如图 1-19 所示。

图 1-19

2. 软件工具与功能

（1）"文件"菜单工具。"文件"菜单工具见表 1-6。

表 1-6　"文件"菜单工具

工具	释义
	新建：新建项目文件
	打开：打开项目文件
	最近使用：打开最近一段时间使用过的文件

续表

工具	释义
	保存项目：保存项目文件
	另存为：将文件另存为新的项目文件
	导入：导入已有的面料图片
	导出：导出已经处理好的贴图文件

（2）"开始"菜单工具。"开始"菜单工具见表1-7。

表1-7　"开始"菜单工具

工具	释义
	扫描：单击与计算机相连的扫描仪扫描面料
	3D拍照：3D面料扫描
	裁剪：裁剪面料中的循环单元
	无循环：生成无循环贴图
	生成贴图：生成透明度纹理贴图、法线贴图、光滑度贴图、金属度贴图、透明度贴图、置换贴图
	换色：对面料色彩进行更换或删除
	亮度/对比度：对面料进行亮度和对比度调整
	色相/饱和度：对面料进行色相和饱和度调整
	褪色：去掉面料色彩，使其变为黑白图
	色彩平衡：调整面料色彩平衡，矫正偏色
	色阶：对面料色阶进行调整
	仿制图章：对面料局部瑕疵进行修复
	水平翻转（当前贴图）：对面料进行水平翻转
	水平翻转（整面）：对面料进行水平翻转
	绣花工艺：将花稿转换为绣花工艺图
	对齐前后：将前后纹理进行对齐
	翻转前后：对面料进行前后翻转
	离线渲染：对面料图片进行渲染

（3）"其他"菜单工具。"其他"菜单工具见表1-8。

表1-8　"其他"菜单工具

工具	释义
	视角：对视窗切换不同视角
	窗口：可以切换不同窗口查看内容
	重置画面：重置回到原始画面
	设置：可对快捷键、用户界面、扫描等进行设置

工具	释义
	检查更新：检查是否更新到最新版本
	在线手册：在线查看 Style3D 官方网站的使用手册
	视频教程：在线查看 Style3D 官方网站的视频教程
	关于：现有软件的版本信息
	反馈：对软件使用的建议和满意度反馈

1.3.2 数字化面料制作

1.3.2.1 回位图面料制作

1. 打开 Style3D 软件系统

Style3D 软件系统如图 1-20 所示。

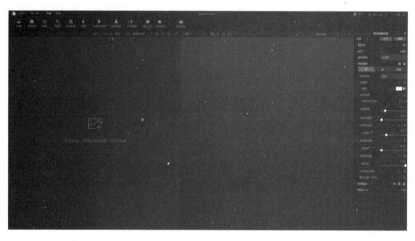

微课：回位图
面料制作

图 1-20

2. 导入图片

单击 2D 视窗中的"点击添加、拖拽或粘贴图片到此视窗"区域，如图 1-21 所示。弹出"导入贴图"对话框，单击"浏览"按钮，如图 1-22 所示；找到图片素材，单击"确定"按钮即可。

图 1-21   图 1-22

TIP：

除上述方法外，也可以执行"文件"→"菜单"→"导入"→"导入贴图"命令来添加图片。添加的图片可以是用扫描仪扫描或用相机拍摄的真实面料图片，也可以是普通的图案图片，在制作过程中再添加面料凹凸的肌理感。

对于具有立体结构的面料，如表皮、长毛丝绒织物或立体褶皱等，或具有不易被扫描的外观属性的面料，建议通过拍照方式获取面料图片，其他面料可以通过扫描仪扫描获取图片，图片格式多为 JPG、PNG，也可以是 BMP、PSD、TIFF 等多种格式。

扫描的图片要尽可能干净、平整，花纹或格子图案等至少要保留一个四方循环，以便于制作回位图，得到能够连续拼接的数字化面料。

3. 裁剪图片

添加的图片不是回位图，每个单元之间会有很明显的拼接线，如图 1-23 所示。

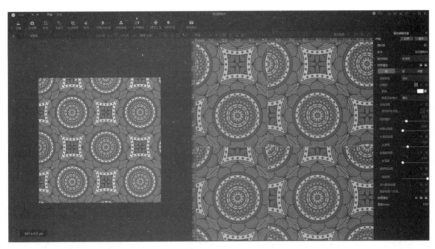

图 1-23

使用"裁剪"工具 ⬚，在 2D 视窗的左上角单击，向右下角拖拽光标到合适位置，单击结束，注意裁剪的四个角点要尽可能在相同图案的相同位置，如图 1-24 所示。为了更加精确，可以放大四个角点，拖拽角点进行调整，如图 1-25 所示。

图 1-24　　　　　　　　图 1-25

TIP：

"裁剪"工具可以在 2D 视窗中将图片多余的部分裁剪掉。裁剪框选的范围可以是任意一个能够进行四方循环的单元。

效果满意后单击"确定"按钮即可，完成后效果如图 1-26 所示。

图 1-26

在 3D 视窗中除展示平面效果外，也可以展示其他效果，如可以选择模拟面料、褶皱和各种服装品类等，如图 1-27 所示。模拟面料展示效果如图 1-28 所示。褶皱展示效果如图 1-29 所示。衬衫展示效果如图 1-30 所示。

图 1-27

图 1-28

图 1-29

图 1-30

4. 添加法线贴图

本案例添加的图片不是真实的面料图片，如果想表现面料真实的凹凸肌理感，可以添加法线贴图。在"属性编辑视窗"中单击"面料库"按钮，如图 1-31 所示；双击"织物法线图"文件夹，如图 1-32 所示。

图 1-31

图 1-32

选择自己需要的法线贴图，单击"确定"按钮，如图 1-33 所示。添加法线贴图完成后，效果如图 1-34 所示。

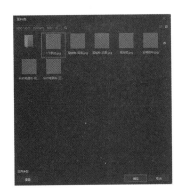

图 1-33　　　　　　　　　图 1-34

5. 保存

执行"文件"→"导出"→"导出 SFAB 格式"命令即可保存文件。

1.3.2.2　双面面料制作

1. 添加图片

执行"文件"→"导入"→"导入贴图"命令添加图片。

在 3D 视窗中选择模拟面料，可以看到图片默认的是正、反面图案相同，如图 1-35 所示。

微课：双面面料
制作

图 1-35

2. 面料后面设计

在"属性编辑视窗"的"材质属性"区域选择"后"选项，关闭"与前面相同"选项并删除纹理图，如图 1-36 所示。完成后效果如图 1-37 所示。

图 1-36　　　　　　　　　图 1-37

3. 添加面料后面图案

在"属性编辑视窗"的"纹理图"区域单击"添加"按钮 ，如图 1-38 所示，为面料后面添加图案，如图 1-39 所示。

图 1-38   图 1-39

4. 编辑面料后面图案

在 2D 视窗左上角将"前"改为"后"，如图 1-40 所示。改完后 2D 视窗显示面料后面图案，如图 1-41 所示。

使用"裁剪"工具对图片进行剪切，制作回位图，如图 1-42 所示。

图 1-40   图 1-41   图 1-42

根据 3D 视窗中的模拟面料效果以及设计需要更改图片尺寸，如图 1-43 所示。

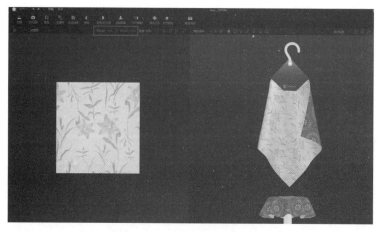

图 1-43

根据设计需要，在面料前、后面分别添加法线贴图，如图 1-44 和图 1-45 所示。

图 1-44　　　　　　　　　　　图 1-45

5. 面料侧面设计与编辑

面料侧面效果默认与前面相同。如果需要不同效果也可以进行编辑。在"属性编辑视窗"中选择"侧面"选项，关闭"与前面相同"选项，删除纹理图，然后设计需要的色彩，如图 1-46 所示。面料默认厚度为 0.5 mm，因为是双层效果，所以可以适当增加厚度，完成后效果如图 1-47 所示。

图 1-46　　　　　　　　　　　图 1-47

6. 完成制作、保存项目

根据需要对面料进行设计，后面效果可以有图案，如图 1-48 所示；也可以没有图案，直接设计素色效果，如图 1-49 所示。

图 1-48　　　　　　　　　　　图 1-49

完成后，执行"文件"→"导出"→"导出 SFAB 格式"命令即可保存文件。

1.3.2.3　金属效果面料制作

1. 添加面料素材图片

执行"文件"→"导入"→"导入贴图"命令，添加面料素材图片，如图 1-50 所示。

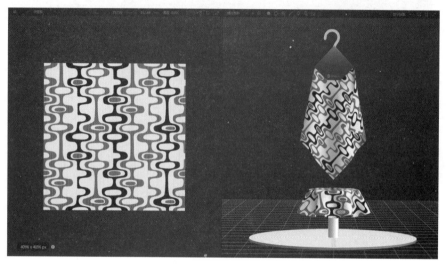

微课：金属效果
面料制作

图 1-50

2. 生成贴图

在工具栏中单击"生成贴图"按钮，在弹出的"生成贴图"对话框中设置"贴图类型"为"金属度贴图"，如图 1-51 所示。

使用"吸管"工具单击图片中想要体现金属效果的部位（本案例中将灰色区域制作为金属效果），也可使用"添加到取样"吸管加选和调整容差值调整区域范围，如图 1-52 所示。区域选择完成后，单击"生成"按钮。

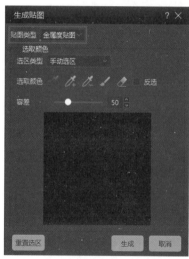

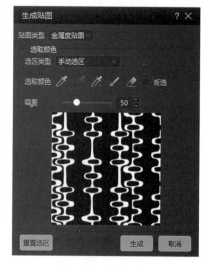

图 1-51　　　　　　　　　　　图 1-52

3. 属性设置

在"属性编辑视窗"中设置"渲染类型"为"金属"，如图 1-53 所示。

为了增强金属效果，可以将金属度贴图直接拖拽复制到光滑度贴图，并提高金属度贴图强度和光滑度贴图强度。完成效果如图 1-54 所示。

图 1-53　　　　　　　　　　　图 1-54

4. 添加法线贴图、保存

可以选择添加需要的法线贴图，如图 1-55 所示。

图 1-55

完成后，执行"文件"→"导出"→"导出 SFAB 格式"命令即可保存文件。

1.3.2.4　镂空效果面料制作

1. 添加面料素材图片

执行"文件"→"导入"→"导入贴图"命令，添加面料素材图片，如图 1-56 所示。

微课：镂空效果
面料制作

图 1-56

2. 制作回位图

　　使用"裁剪"工具，在 2D 视窗中的图片上找到一个四方连续单元，如图 1-57 所示。调整好裁剪位置后单击"确定"按钮，制作回位图，裁剪完成效果如图 1-58 所示。

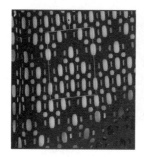
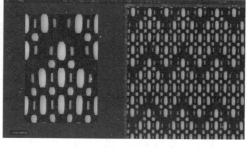

图 1-57　　　　　　　　　　　　　图 1-58

3. 生成透明贴图

　　使用"生成贴图"工具，在弹出的"生成贴图"对话框中设置"贴图类型"为"透明度贴图"，如图 1-59 所示。选择"吸管"工具，在 2D 视窗中的面料上选择需要镂空的区域，根据 3D 视窗中的面料效果，可以使用"添加到取样"吸管增加选取范围，再配合调整容差值调整选取范围，直到 3D 面料效果达到满意为止，单击"生成"按钮。完成后效果如图 1-60 所示。

　　在 3D 视窗中使用模拟面料展示效果，如图 1-61 所示，放大效果如图 1-62 所示。

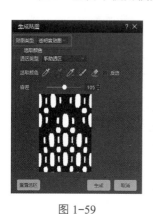

图 1-59　　　　　　　图 1-60　　　　　　　图 1-61　　　　　　　图 1-62

4. 保存

完成后，执行"文件"→"导出"→"导出 SFAB 格式"命令即可保存文件。

1.3.2.5　面料色彩编辑

1. 添加面料素材图片

执行"文件"→"导入"→"导入贴图"命令，添加面料素材图片，如图 1-63 所示。

添加的面料素材图片为暖色调，如果对色彩不满意可以进行色彩更换。

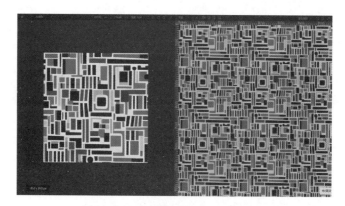

微课：面料色彩
编辑

图 1-63

2. 更换色彩

单击"换色"工具，弹出"换色设置"对话框，"换色设置"对话框会把图片色彩提炼出色谱，如图 1-64 所示。如果色谱中没有想要更换的色彩，也可以使用"吸管"工具在图片中提取。

在"换色设置"对话框的色谱中，单击想要更换的色彩，如第三个橙红色，会弹出"选择要转换的颜色"色板，如图 1-65 所示。在色板中设置需要的蓝色，单击"确定"按钮，橙红色被蓝色替换。再依次单击"换色设置"对话框中其他需要更换的色彩，使用同样的方式进行色彩更换，直到满意为止。

图 1-64

本案例中把整体的暖色调更换为冷色调，更换后效果如图 1-66 所示。

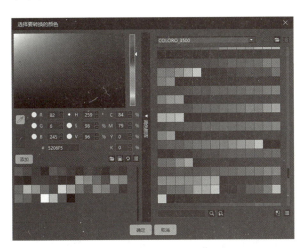

图 1-65

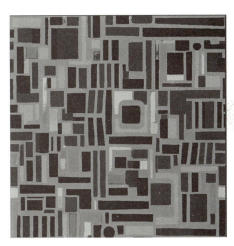

图 1-66

3. 保存

完成后，执行"文件"→"导出"→"导出 SFAB 格式"即可保存文件。

1.4 素养提升

衣被天下——黄道婆

微课：衣被天下——黄道婆

黄道婆，原松江乌泥泾人，被后人誉为"衣被天下"的"女纺织技术家"。请扫描二维码了解详情，思考和探讨以下问题。

（1）黄道婆所改进的织造技术有哪些？

（2）黄道婆的主要贡献是什么？

非物质文化遗产——松江棉布

微课：非物质文化遗产——松江棉布

松江棉布泛指松江及其附近地区出产的棉布。松江棉布质地优良，世人誉之为松江美布，为一方特产。请扫描二维码了解详情，思考和探讨棉织物有哪些特性，及其在服装设计中如何应用。

1.5 项目思考与实训

1.5.1 项目思考

（1）什么是元宇宙？

（2）能够影响面料金属效果的设置是什么？

（3）能够表现面料凹凸感的设置是什么？

（4）制作镂空效果面料的设置是什么？

1.5.2 项目实训

数字化面料设计与制作（回位图面料设计与制作、双面面料设计与制作、金属效果面料设计与制作、镂空效果面料设计与制作、面料色彩设计）。

1.6 项目评价与总结

1.6.1 项目评价

评价项目 与分数	回位图面料 （20分）	双面面料 （20分）	金属效果面料 （20分）	镂空效果面料 （20分）	面料色彩设计 （20分）
	评价标准：面料设计无接版缝，质感突出，色彩搭配协调，美观有创意				
教师评价（60%）					
学生互评（20%）					
学生自评（20%）					
总分合计					

1.6.2 项目总结

通过完成此项目，你学到哪些知识和技能？还有哪些不足之处，并准备如何弥补和提升？

项目 2
虚拟模特编辑

2.1 项目表单

项目名称	虚拟模特编辑
项目描述	在 Style3D 软件中，根据设计需要对虚拟模特各部位尺寸进行设置；根据服装风格对虚拟模特进行发型、发色、鞋子、妆容和表情等外观进行设计；根据展示需要对虚拟模特姿势进行编辑
项目内容	1. 虚拟模特外观设计； 2. 虚拟模特尺寸设置； 3. 虚拟模特姿势编辑
项目目标	知识目标： 1. 了解官方网站动态； 2. 掌握从官方网站下载虚拟模特素材的方法； 3. 掌握虚拟模特的编辑方法。 技能目标： 1. 能够对虚拟模特外观进行设计； 2. 能够对虚拟模特尺寸进行设置； 3. 能够对虚拟模特姿势进行编辑。 素养目标： 1. 培养学生精益求精和勇于探索的精神； 2. 培养学生爱岗敬业、坚守初心和持之以恒的追求精神； 3. 培养学生自主学习的意识，充分认识知识的重要性； 4. 培养学生的语言表达能力和与人沟通交流的能力
项目重点	能够根据设计需要进行虚拟模特编辑
项目难点	虚拟模特姿势编辑
项目资源	1. 人体动势图片； 2. 操作视频； 3. 网络课程

2.2　项目准备

（1）收集人体理想动势图片。

（2）登录泛雅平台，预习网络课程。

（3）课前思考。

1）什么是号型？服装常用号型有哪些？

2）号型中的Y、A、B、C是什么意思？

3）服装主要部位的国标代号是什么？

4）男人体、女人体、儿童体的体型特征有哪些？

5）人体动势的变化规律是什么？

2.3　项目实施

2.3.1　虚拟模特外观设计

2.3.1.1　发型与发色设计

1. 打开虚拟模特

在场景管理视窗中单击"资源库"按钮，如图2-1所示，弹出"资源库"对话框，单击"模特"按钮，在女模特库中双击女模特，如图2-2所示；打开虚拟模特，如图2-3所示。

微课：模特的外观编辑

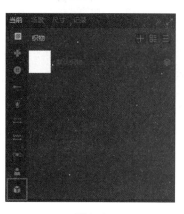

图 2-1

图 2-2

图 2-3

2. 更换发型

单击虚拟模特，执行"属性编辑视窗"→"附件"→"头发"命令，选择需要的发型，如"分层发型"，如图2-4所示，完成效果如图2-5所示。

3. 更换发色

单击模特头发，如图2-6所示。在"属性编辑视窗"的"纹理"区域中单击"颜色"后面的色块，如图2-7所示；弹出"颜色"对话框，如图2-8所示，选择需要

图 2-4

图 2-5

的颜色，单击"确定"按钮即可。这里选择暗红色，完成效果如图 2-9 所示。

TIP：

（1）模特更换肤色与更换发色的方法相同，单击皮肤更换肤色即可。

（2）在"渲染类型"下拉列表中可以更换头发和皮肤等的材质，如图 2-10 所示。显示"仅渲染"的选项需要渲染以后才可以看到效果。

图 2-6   图 2-7

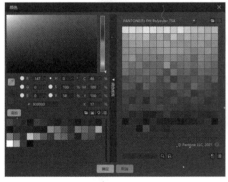  

图 2-8   图 2-9   图 2-10

2.3.1.2   面部妆容设计

1. 进入 Photoshop 软件系统

单击模特脸部，如图 2-11 所示。在"属性编辑视窗"的"纹理"区域单击"自定义软件"按钮，选择"PS"选项，如图 2-12 所示，单击进入 Photoshop 软件系统。

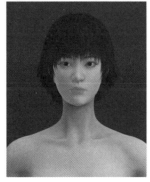 

图 2-11   图 2-12

TIP：

如果没有设置自定义软件，可以在"设置"→"偏好设置"→用户界面→"相关软件设置"中进行设置，如图 2-13 所示。

2. 妆容设计

在 Photoshop 软件中根据需要进行眼影、腮红、唇妆或彩绘等妆容的设计与绘画，如图 2-14 所示。

TIP：存储时要使用"另存为"命令，并重新命名，不要覆盖原文件，存储格式为 JPG。

图 2-13

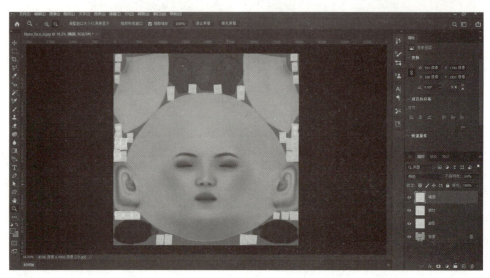

图 2-14

3. 妆容应用

将设计好的妆容存储后，在"属性编辑视窗"的"纹理"区域单击"添加"按钮 ，如图 2-15 所示，选择化完妆重新存储的图片，打开即可。完成效果如图 2-16 所示。

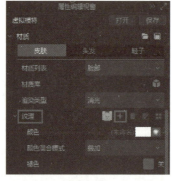

图 2-15

图 2-16

2.3.1.3 表情设计

1. 选择已有表情

单击模特，在"属性编辑视窗"中单击"编辑虚拟模特"按钮 ，如图 2-17 所示；进入

"虚拟模特编辑"对话框，在"表情"中单击"默认"下拉列表可显示已经设置好的表情，如图 2-18 所示，选择需要的表情即可。这里选择的是"委屈"，完成效果如图 2-19 所示。

图 2-17   图 2-18   图 2-19

2. 自定义表情

在"表情"中，选择"高级"选项可以增加更多参数设置，如图 2-20 所示。通过调整不同部位的参数值，可以设计出更多需要的表情，如图 2-21 所示。设计好的表情可以保存，也可以加载曾经保存过的表情。

图 2-20   图 2-21

2.3.1.4   鞋子编辑

1. 选择鞋子

单击虚拟模特或鞋子，如图 2-22 所示。在"属性编辑视窗"→"附件"→"鞋子"选项中可以选择需要的鞋子款式，如图 2-23 所示。

2. 编辑鞋子

这里选择鞋子款式"高跟鞋 09"，单击鞋子，如图 2-24 所示。单击"属性编辑视窗"→"纹理"→"颜色"后面的色块，如图 2-25 所示，在弹出的"颜色"对话框中设置需要的颜色，单击"确定"按钮即可。鞋子更改颜色后的效果如图 2-26 所示。

图 2-22   图 2-23

图 2-24　　　　　　　图 2-25　　　　　　　图 2-26

TIP：

因为鞋子是由鞋面、鞋跟、鞋底等不同部位组成的，所以在更改颜色时需要对不同部位分别进行更改。可以单击不同部位，也可以在"材质列表"中选择不同部位进行更改，如图 2-27 所示。

2.3.2　虚拟模特尺寸设置

1. 打开"虚拟模特编辑"对话框

在 3D 视窗中单击虚拟模特，单击"属性编辑视窗"→"编辑虚拟模特"按钮，如图 2-28 所示；弹出"虚拟模特编辑"对话框，如图 2-29 所示。

图 2-27

微课：模特的
尺寸和动作编辑

图 2-28　　　　　　　　　图 2-29

2. 直接选择尺寸

单击"默认"按钮，在弹出的下拉菜单中有默认的 S、M、L、XL 尺寸可以直接选择，如图 2-30 所示。图 2-31 所示为 XL 虚拟模特效果。

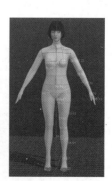

图 2-30　　　　　　　　　图 2-31

3. 自定义尺寸

可以通过改变各部位参数来改变虚拟模特的体型。选择"高级"选项可以增加更多部位的参数设置，如图 2-32 所示。根据设计需要可以对各参数值进行设置，设计出自己需要的虚拟模特尺寸。如加大腹部数值，效果如图 2-33 所示，可作为孕妇装虚拟模特。

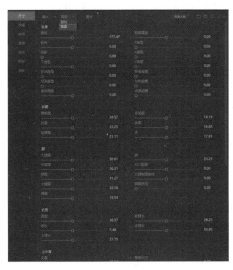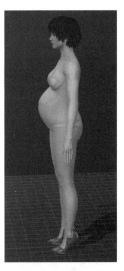

图 2-32　　　　　　　　　　　图 2-33

另外，在"高级"选项中还可以设置欧洲身形、非洲身形、A 身形、V 身形、骨感超模、匀称超模等，以及特体，如 X 形腿和 O 形腿等。

2.3.3　虚拟模特姿势编辑

1. 显示骨骼

在 3D 视窗中单击"显示骨骼"按钮 ，如图 2-34 所示，快捷键为 Shift+X，人体会显示骨骼和关节点，如图 2-35 所示。

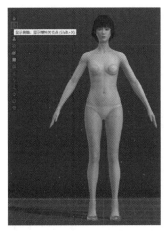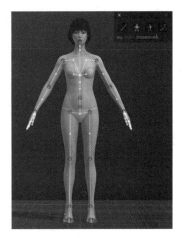

图 2-34　　　　　　　　　　　图 2-35

2. 调整骨骼

单击要调整的关节点，显示定位球，如图 2-36 所示。通过定位球调整骨骼，使用"移动"或"旋转"命令，调整到满意的姿势为止，如图 2-37 所示。

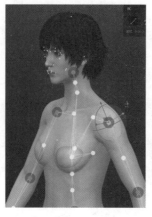

图 2-36   图 2-37

3. 保存姿势

在调整好的虚拟模特上单击鼠标右键，弹出快捷菜单，选择"保存姿势"选项，如图 2-38 所示；在弹出的"添加姿势"对话框中可以进行姿势命名，如图 2-39 所示，然后单击"确定"按钮保存即可。保存好的姿势可以在资源库"姿势"中找到，也可以在资源库中删除。

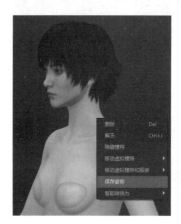

图 2-38   图 2-39

TIP：

在进行姿势编辑的过程中，定位球右上角有一个人形图标，当人形图标是灰色时可以对各部位单独调整，如图 2-40 所示。当单击人形图标使其变为蓝色时，可以对虚拟模特进行对称调整，如图 2-41 所示。

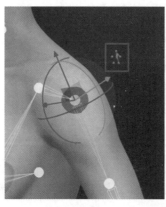
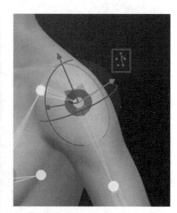

图 2-40   图 2-41

TIP:

Style3D 官方市场中有很多素材，也会不断更新素材，无论是虚拟模特、服装、配饰还是场景等，都可以通过云端进行下载。

打开资源库，根据需要单击左边对应的资源库，然后单击右上角的"在线素材库"按钮 ，如图 2-42 所示，进入云端下载，在官方市场中选择需要的素材直接下载即可，如图 2-43 所示。

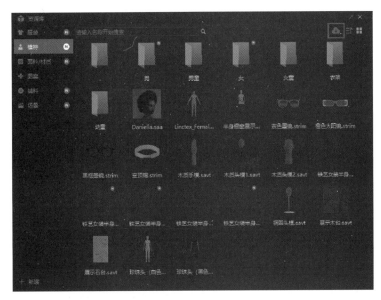

图 2-42

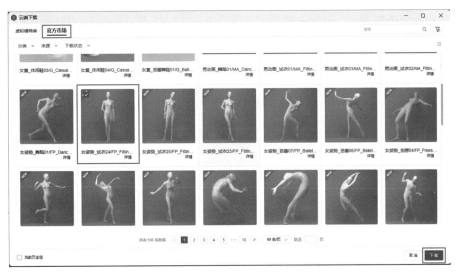

图 2-43

2.4　素养提升

不一样的"模特"——特体

T 台上模特的身材多高挑挺拔，成衣的制作也是按照标准号型制版，但生活中人们并不都是标准体型，也有特体人群。特体是指区别于标准体型的特殊体型。

不一样的"模特"
——特体

请扫描二维码了解详情，思考和探讨以下问题：

1. 特体的体型特征有哪些？

2. 对于特体人群，在服装设计与制作中需要注意什么？

相辅相衬——服装与人体

相辅相衬——
服装与人体

人体是服装的基础，服装制作以人体为依据，并要符合人体各种活动需求。服装对人体有着保护作用，还有修饰功能，不仅能够掩饰身体的不完美，还能够塑造不同的气质形象。请扫描二维码了解详情，思考和探讨以下问题：

1. 服装对人体有哪些修饰功能？

2. 在服装设计中如何利用服装让人体显长掩短？

2.5 项目思考与实训

2.5.1 项目思考

1. 单项选择题

（1）虚拟模特在（　　）中打开。

A. "文件"菜单　　　　　　　　　　B. "素材"菜单

C. 资源库　　　　　　　　　　　　D. "属性编辑视窗"

（2）虚拟模特发色在（　　）中设置。

A. "纹理"　　　　　　　　　　　　B. "法线贴图"

C. "光滑度贴图"　　　　　　　　　D. "透明度贴图"

（3）显示虚拟模特骨骼的快捷键是（　　）。

A. Ctrl+X　　　　　　B. Shift+X　　　　　　C. Ctrl+W　　　　　　D. Shift+W

（4）进行虚拟模特妆容设计时，通常使用的软件是（　　）。

A. Photoshop　　　　B. Flash　　　　　　C. AutoCAD　　　　　D. Comic Studio

（5）更换虚拟模特姿势必须在（　　）状态下进行。

A. 静止　　　　　　　B. 运动　　　　　　C. 显示骨骼　　　　　D. 模拟

2. 简答题

（1）如何编辑虚拟模特表情？

（2）如何在云端下载虚拟模特？

（3）在编辑虚拟模特姿势时，如何进行对称编辑？

（4）如何编辑虚拟模特为欧洲身形？

（5）编辑好的虚拟模特姿势如何保存？

2.5.2 项目实训

根据服装设计风格对虚拟模特进行编辑。

2.6　项目评价与总结

2.6.1　项目评价

评价项目 与分数	外观设计（30分）			尺寸设计（30分）	姿势设计（40分）	
	妆容 （10分）	表情 （10分）	头发与鞋子 （10分）	符合要求 （30分）	动势合理 （30分）	保存 （10分）
教师评价（60%）						
学生互评（20%）						
学生自评（20%）						
总分合计						

2.6.2　项目总结

通过完成本项目，你学到哪些知识、技能？还有哪些不足之处，并准备如何弥补和提升？

项目 3
T 恤衫

3.1 项目表单

项目名称	T 恤衫
项目描述	圆领、短袖男款 T 恤衫，其前衣身有装饰图案，后领窝处有护领条，领口、袖口和衣摆处有明线
项目内容	1. T 恤衫数字样衣缝制； 2. T 恤衫数字面料设计； 3. T 恤衫细节制作与展示
项目目标	知识目标： 1. 掌握 T 恤衫数字样衣的缝制方法； 2. 掌握 T 恤衫数字样衣面料的制作方法； 3. 掌握 T 恤衫数字样衣的渲染方法。 技能目标： 1. 能够使用软件进行 T 恤衫数字样衣制作； 2. 能够对 T 恤衫进行面辅料设置； 3. 能够对 T 恤衫进行细节处理。 素养目标： 1. 培养学生对传统文化的传承与理解能力； 2. 培养学生的艺术审美能力； 3. 学习传统文化，为学生提供更多的创作灵感； 4. 培养学生的民族文化自信和爱国主义精神
项目重点	T 恤衫数字化样衣缝制
项目难点	T 恤衫细节设计
项目资源	1. T 恤衫版片、面料； 2. 微视频； 3. 网络课程

3.2　项目准备

（1）收集 T 恤衫款式及流行趋势。

（2）准备 DXF 格式的 T 恤衫版片文件。

（3）登录泛雅平台，预习网络课程。

（4）课前思考。

1）T 恤衫工艺流程是什么？

2）T 恤衫常用面料及特点有哪些？

3）什么是数码印花？数码印花与传统印花的区别是什么？

3.3　项目实施

3.3.1　T 恤衫数字样衣缝制

1. 导入版片

执行"文件"→"导入"→"导入 DXF 文件"命令。在"导入 DXF"面板中，可以根据需要对选项进行设置，如图 3-1 所示。导入的版片如图 3-2 所示。

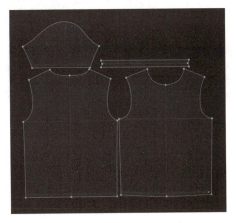

微课：T 恤衫
制作

图 3-1　　　　　　　　　图 3-2

2. 编辑版片

导入的版片大多是不完整的，并且是自动排列的，因此需要重新排列和编辑版片。在该项目导入的版片中缺少一个袖片，使用"选择 / 移动"工具，单击选中袖片，然后单击鼠标右键，在弹出的快捷菜单中选择"克隆对称版片（版片和缝纫线）"选项，如图 3-3 所示（快捷键为 Ctrl+D），然后将所有版片按照方便缝纫的布局重新进行排列，如图 3-4 所示。

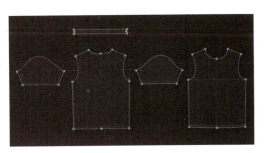

图 3-3　　　　　　　　　图 3-4

3. 打开虚拟模特

在场景管理视窗中单击"资源库"按钮，如图 3-5 所示。在弹出的"资源库"对话框中，单击左边"模特"按钮，双击"男"文件夹，再双击男模特，如图 3-6 和图 3-7 所示，在"打开虚拟模特文件"对话框中单击"确定"按钮即可。为了穿衣服方便，模特打开时都呈默认的 A 姿势，如图 3-8 所示。

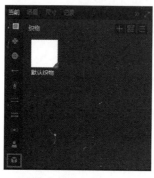

图 3-5

图 3-6

图 3-7

图 3-8

在 2D 视窗中使用"选择 / 移动"工具框选所有版片，在 3D 视窗中的版片上单击鼠标右键，在弹出的快捷菜单中选择"重置 2D 安排位置（选择）"选项，如图 3-9 所示；将 3D 视窗中的版片与 2D 视窗中的版片同步排列，如图 3-10 所示。

图 3-9

图 3-10

4. 安排版片

单击 3D 视窗左上角的"显示安排点"按钮，虚拟模特上面会显示安排点，如图 3-11 所示。

在 2D 或 3D 视窗中选择服装前衣片版片，将其移动到虚拟模特前中心线安排点上，版片在模特身上会以阴影形式显示，如图 3-12 所示。确定位置后，单击安排点安排版片；安排好以后如果不满意，还可以使用定位球进行调整，如图 3-13 所示。

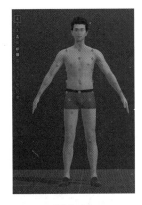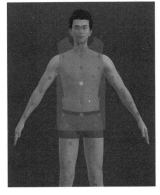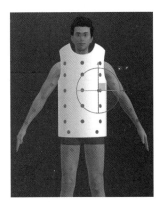

图 3-11　　　　　　　　图 3-12　　　　　　　　图 3-13

使用相同的方法对服装后衣片、袖片、领子版片进行安排。后衣片对应后中心线上的安排点，袖子对应胳膊上的安排点，注意领子因为接缝处在脖子的左后方，所以在安排时要对应颈部右侧的安排点，完成效果如图 3-14 所示。再次单击"显示安排点"按钮可以隐藏安排点，隐藏安排点后效果如图 3-15 所示。

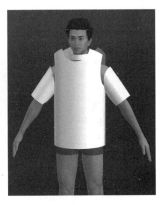

图 3-14　　　　　　　　图 3-15

TIP:

在非模拟状态下，使用"选择 / 移动"工具选择版片时会出现定位球，可以对版片进行移动和旋转。

如图 3-16 所示，通过红色箭头线可以对版片进行左右移动，通过绿色箭头线可以对版片进行上下移动，通过蓝色线段可以对版片进行前后移动。通过红色、绿色和蓝色弧线可以对版片进行旋转，中间的红绿蓝立方体可以进行任意移动。

5. 缝合版片

（1）缝合肩、侧缝和袖缝。在 2D 视窗中，选择"线缝纫"工具，依次单击要缝合的线——前后衣片的肩线、侧缝线及袖侧缝线进行缝合，如图 3-17 所示。缝合效果同时可以在 3D 视窗中看到，如图 3-18 所示。

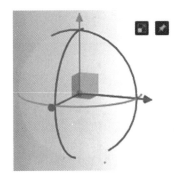

图 3-16

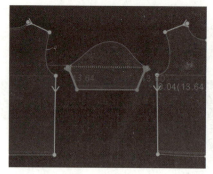

图 3-17   图 3-18

TIP：

1）缝合版片时需要注意两条缝合线的方向要相同，如肩线缝合，前衣片起点在肩颈点，后衣片起点也要在肩颈点；侧缝缝合，前衣片起点在腋下点，后衣片起点也要在腋下点。开始单击的位置就是起始的方向。如图 3-19 所示，AB 对应 A′B′。

2）"线缝纫"工具只缝纫两点（或刀口）之间的线段。如果线段上有多个点，就要使用"自由缝纫"工具或其他工具和方法进行缝纫。

（2）缝合袖山和袖笼。袖山和袖笼上有对位点，也可以使用"线缝纫"工具进行对位缝合，如图 3-20 所示。对于缝合好的部位，也可以通过 3D 视窗检查缝纫线的对错，如图 3-21 所示。

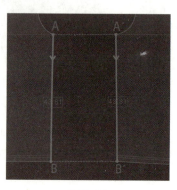

图 3-19

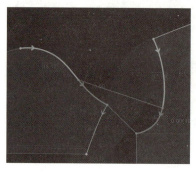

图 3-20   图 3-21

（3）缝合领子。因为领子版片上有刀口，所以缝合时要注意前、后领窝的对位点，如图 3-22 所示。尤其是领子接缝处是在后衣片上，因此，在缝合左边后领窝时要注意进行一对二的缝合，在缝合多条线段时要按住 Shift 键，如图 3-23 所示。除要缝合领子与前、后领窝外，还要缝合领子两端。

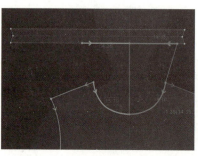
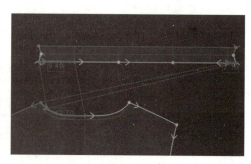

图 3-22   图 3-23

TIP:

1）"线缝纫"工具。"线缝纫"工具除了可以进行"一对一"缝纫外，还可以进行"一对多"和"多对多"缝纫，缝纫多条线段时要按住 Shift 键。如上面的后领窝缝合如图 3-24 所示，线段 ab=cd+ef，因此缝合时选择"线缝纫"工具，先单击线段 ab，再按住 Shift 键不要松开，依次单击线段 cd 和 ef，再松开 Shift 键完成缝合，单击线段时要注意方向。

2）"多对多"缝纫。使用"线缝纫"工具进行"多对多"缝纫时也要使用 Shift 键。如两条线段 a、b 对三条线段 c、d、e 缝合，如图 3-25 所示，要先按住 Shift 键不松开，依次先单击 a 和 b 两条线段，再松开 Shift 键，然后再次按住 Shift 键，依次单击要对应缝合的 c、d、e 三条线段，最后松开 Shift 键完成缝纫。Shift 键的使用方法同样也适用于"自由缝纫"工具。

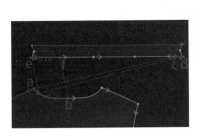

图 3-24　　　　　　图 3-25

3）"多线段缝纫"工具 。缝合多条线段除了使用 Shift 键外，还可以使用"多线段缝纫"工具。如缝合 M 条线段与 N 条线段，可以使用"多线段缝纫"工具，先一次性单击 M 条线段，然后按 Enter 键，再依次单击 N 条线段，最后再按 Enter 键完成缝合。

4）"编辑缝纫线"工具 。如果缝纫线缝合错误，则可以使用"编辑缝纫线"工具选择该缝纫线，按 Delete 键删除，或单击鼠标右键，在弹出的快捷菜单中选择"删除"选项。如果缝纫线方向反了，则可以使用"编辑缝纫线"工具拖动缝纫线的端点调整缝纫线，也可以使用"编辑缝纫线"工具在缝纫线上单击鼠标右键，选择"调换缝纫线"选项，还可以进行失效缝纫线或在起点和终点处加点等操作。

6. 模拟

在 3D 视窗中旋转检查各部位缝纫线，如图 3-26 所示。检查无误后，单击"模拟"按钮 ，或按 Space 键进行着装模拟，效果如图 3-27 所示。

图 3-26　　　　　　图 3-27

TIP:

模拟是在重力、缝纫线拉力等作用下展示服装穿着在人体上的效果。在模拟过程中，如果服装穿着不够服帖，可以在模拟状态下使用"选择/移动"工具对服装进行拉扯和拖拽，直到达到满意效果为止。

（1）领子细节。选择"勾勒轮廓"工具，单击领子翻折线，然后按 Enter 键，将领子翻折线勾勒为内部线，如图 3-28 所示。使用"选择/移动"工具在 3D 视窗中的领子上单击鼠标右键，在弹出的快捷菜单中选择"硬化"选项，如图 3-29 所示，硬化后效果如图 3-30 所示。

| 图 3-28 | 图 3-29 | 图 3-30 |

TIP:

1）勾勒轮廓：在导入的 DXF 版片中有很多基础线，基础线是不能够进行缝纫和编辑的。如果想对基础线进行操作，就要使用"勾勒轮廓"工具先将基础线变为内部线，然后才能够进行操作。方法：一是使用"勾勒轮廓"工具单击基础线后按 Enter 键；二是使用"勾勒轮廓"工具在基础线上单击鼠标右键，在弹出的快捷菜单中选择"勾勒为内部线/图形"选项，也可以进行其他操作。

2）硬化：可以让版片在模拟时更加硬挺，方便折叠等操作。

在"开始"菜单中选择"折叠安排"工具，在 3D 视窗中单击领子翻折线，弹出折叠编辑图标，如图 3-31 所示。按住鼠标左键拖拽红色线段向内、向下旋转，让领片向里面进行折叠，注意领片不要穿模，如图 3-32 所示。

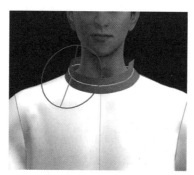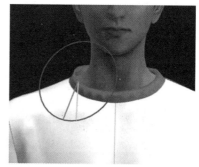

| 图 3-31 | 图 3-32 |

在此过程中也可以使用"编辑版片"工具，选中领子翻折线，在"属性编辑视窗"中将"折叠角度"改为 0，也可以达到折叠效果。

使用"自由缝纫"工具，将领子上、下两边进行缝合，如图 3-33 所示，并在"属性编辑视窗"中将"缝纫线类型"改为"合缝"，如图 3-34 所示。

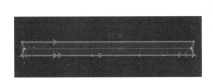

图 3-33　　　　　　　　　　　　　　图 3-34

TIP:

1）缝纫线类型。缝纫线类型包括平缝与合缝，平缝又分为平缝（双侧）和平缝（单侧）。平缝是指同一平面的两个版片相互缝合，如肩线、侧缝线等，如图 3-35 所示；合缝是指上、下两层版片之间的缝合，如贴边与衣片的缝合、贴袋与衣片的缝合等，如图 3-36 所示。

2）自由缝纫。使用"自由缝纫"工具 时，鼠标可以在要缝纫的线上自由移动选择起点和终点，缝合第二条线段时会有与第一条线段等距的蓝色提示点。当缝合"一对多"和"多对多"线段时也要按 Shift 键，或者使用"多段自由缝纫"工具 。

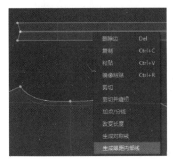

图 3-35　　　　　　　　　　　　　图 3-36

使用"编辑版片"工具 ，在翻领线上单击鼠标右键，在弹出的快捷菜单中选择"生成等距内部线"选项，如图 3-37 所示。在"内部线间距"对话框中，将"间距"设置为 0.1 cm 或 0.2 cm，其他参数设置具体如图 3-38 所示，生成与翻折线平行的两条线段，如图 3-39 所示。如果想让领子翻折处有自然转折的厚度感，可以将翻折线的"折叠角度"改回 180°。生成等距内部线的目的是使领子翻折效果更加细腻平滑。

图 3-37　　　　　　　　　图 3-38　　　　　　　　　图 3-39

TIP:

1）编辑版片。"编辑版片"工具可以框选版片，也可以对版片内部的线和点进行选择与编辑，按 Shift 键时可以多选；在移动过程中，单击鼠标右键可以输入具体数值，并且单击鼠标右键时还会出现更多操作选项。

使用"编辑版片"工具从左向右框选时可以选择框选的点，只有当线全部在框选范围内时才可以选中线；当从右向左框选时可以选择框选的线和点。

2）折叠角度。在 Style3D 软件中，内部线和缝纫线都是有角度的，即线的两个侧面所形成夹角的度数，也就是折叠角度。

当折叠角度小于 180° 时，线为红色；当折叠角度大于 180° 时，线为绿色；当折叠角度为 180° 时，线为蓝色，如图 3-40 所示。

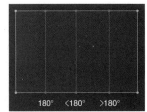

图 3-40

3）折叠强度。折叠强度是指该折叠角度使用的力的大小。

使用"选择 / 移动"工具，在 3D 视窗中的领子上单击鼠标右键，在弹出的快捷菜单中选择"解除硬化"选项，如图 3-41 所示。在"属性编辑视窗"中将"粒子间距"改为 5 mm，如图 3-42 所示。粒子间距越小，版片曲线的地方越圆顺。

图 3-41　　　　　　　　　图 3-42

TIP:

服装版片是由三角网格组成的，粒子间距越大网格就越大，服装展示效果就越粗糙；相反，粒子间距越小网格就越小，服装展示效果就越细腻、逼真。图 3-43 所示为同一个版片粒子间距分别为 20 mm 和 5 mm 时的网格展示效果。

注意：虽然粒子间距越小，表现效果越细腻，但是对计算机配置要求也越高，因此，粒子间距的设置要根据计算机配置量力而行。

按 Space 键模拟效果，完成领子建模。如果领口不够服帖，则可以对领口翻折线适当设置弹性，完成后效果如图 3-44 所示。

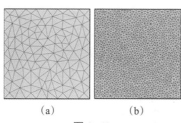

　（a）　　　　　（b）
图 3-43　　　　　　　　　图 3-44
（a）粒子间距为 20；（b）粒子间距为 5

（2）衣摆细节。使用"编辑版片"工具 ▣，在前衣片下摆线上单击鼠标右键（按 Shift 键可多选），在弹出的快捷菜单中选择"版片净边移动"选项，如图 3-45 所示。在弹出的"版片净边移动"对话框中，将"距离"设置为 2 cm，勾选"生成内部线"复选框，"侧边角度"选择"镜像"，如图 3-46 所示；单击"确定"按钮后衣片底摆即增加一个 2 cm 宽度的折边，如图 3-47 所示。

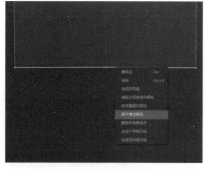

图 3-45　　　　　　　　图 3-46　　　　　　　　图 3-47

使用"编辑版片"工具，在新的底摆线上单击鼠标右键（按 Shift 键可多选），在弹出的快捷菜单中选择"生成等距内部线"选项，在弹出的"内部线间距"对话框中，设置"间距"为 0.6 cm，"扩张数量"为 1，单击"默认方向"单选按钮，勾选"延伸到净边"复选框，如图 3-48 所示。生成一条间距为 0.6 cm 的内部线，如图 3-49 所示。

采用相同的方法完成后衣片底摆折边的操作，如图 3-50 所示。

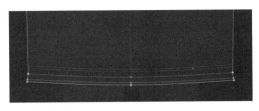

图 3-48　　　　　　　　　图 3-49　　　　　　　　　图 3-50

使用"折叠安排"工具，在 3D 视窗中的前衣片上单击底摆翻折线（原底摆线），如图 3-51 所示。将折边向上翻折，注意折边与衣片不要穿模，如图 3-52 所示。也可以在"属性编辑视窗"中将底摆翻折线的折叠角度设置为 0。

后衣片折边采用与前衣片相同的方法，将折边向上翻折，如图 3-53 所示。如果要使折边效果更加明显，可以将衣片进行硬化。

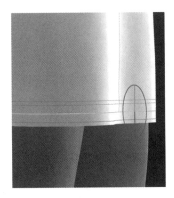

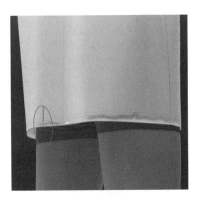

图 3-51　　　　　　　　　图 3-52　　　　　　　　　图 3-53

使用"勾勒轮廓"工具，按住 Shift 键选中前、后衣摆处的基础线，然后按 Enter 键勾勒为内部线，如图 3-54 和图 3-55 所示。

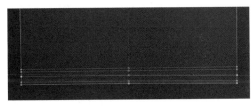

图 3-54　　　　　　　　　　　　　图 3-55

使用"线缝纫"工具，将前、后底摆的两条线与刚刚勾勒的线条对应缝合，注意缝纫方向，如图 3-56 和图 3-57 所示。

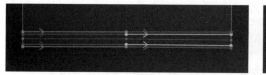

图 3-56　　　　　　　　　　　　　　图 3-57

使用"编辑版片"工具，按住 Shift 键选中前、后衣摆翻折线，单击鼠标右键，在弹出的快捷菜单中选择"生成等距内部线"选项，在弹出的"内部线间距"对话框中，将"间距"设置为 0.2 cm（间距越小翻折效果越细腻），单击"两侧"单选按钮，勾选"延伸到净边"复选框，具体设置如图 3-58 所示。完成效果如图 3-59 所示。

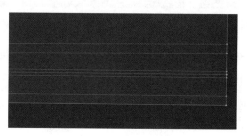

图 3-58　　　　　　　　　　　　　图 3-59

TIP:

1）生成等距内部线。在领子、衣摆、袖口等翻折线的两边生成等距内部线，是为了让版片网格变小，使翻折效果更加细腻。内部线间距越小，网格就越小，翻折效果越好。在衣摆处生成等距内部线后网格变化如图 3-60 所示。

将前、后衣片粒子间距设置为 5 mm，按 Space 键进行模拟，为了更清晰地看到衣摆里外的细节效果，可以将虚拟模特隐藏。底摆完成后效果如图 3-61 所示。

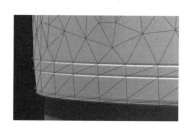

图 3-60　　　　　　　　　　　　图 3-61

2）隐藏（或显示）模特。方法 1 是使用快捷键 Shift+A，可以隐藏和显示模特。方法 2 是在虚拟模特上单击鼠标右键，在弹出的快捷菜单中选择"隐藏模特"选项；在 3D 视窗中单击鼠标右键，在弹出的快捷菜单中选择"显示所有模特"选项。

（3）袖口细节。袖口细节采用与衣摆细节相同的方法。

使用"编辑版片"工具，利用"版片净边移动"功能将袖口增加一个 2 cm 的折边量，并生成 0.6 cm 间距的内部线，如图 3-62 所示。

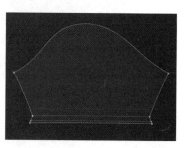

图 3-62

使用"折叠安排"工具将折边向上翻折，如图 3-63 和图 3-64 所示。

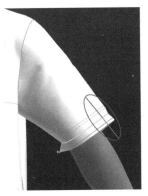 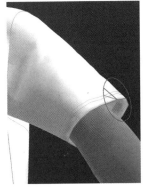

图 3-63　　　　　　　　　　　图 3-64

使用"勾勒轮廓"工具将袖口基础线勾勒为内部线，如图 3-65 所示，再使用"线缝纫"工具将袖口的线段对应缝合，如图 3-66 所示。

为使袖口翻折效果更加细腻，在袖口翻折线两边同样生成间距为 0.2 cm 的等距内部线，如图 3-67 所示。在"属性编辑视窗"中将袖口版片粒子间距设置为 5（也可以在服装完成以后，统一将版片粒子间距改为 5），完成袖口细节制作，如图 3-68 所示。

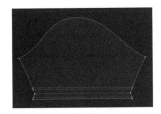  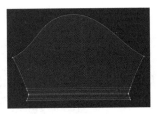 

图 3-65　　　　　　　图 3-66　　　　　　　图 3-67　　　　　　　图 3-68

在模拟状态下，使用"选择 / 移动"工具选中虚拟模特，如图 3-69 所示。在"属性编辑视窗"的"姿势"中选择"I"姿势，如图 3-70 所示。虚拟模特由原来的"A"姿势切换为"I"姿势，使服装整体状态更加自然，如图 3-71 所示。

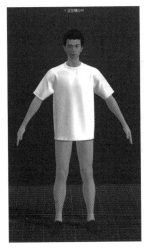 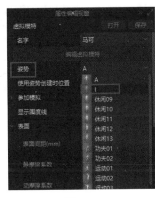 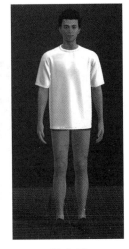

图 3-69　　　　　　　　图 3-70　　　　　　　图 3-71

（4）制作护领条。使用"勾勒轮廓"工具将后衣片护领条基础线勾勒为内部线，并对齐到后领窝线增加点，如图 3-72 所示。使用"编辑版片"工具测量后领窝护领条长度为 20.65 cm，宽度为 1 cm。

使用"长方形"工具，在 2D 视窗中单击，弹出"制作矩形"对话框，设置护领条宽度和高度，具体如图 3-73 所示，绘制护领条版片，如图 3-74 所示。

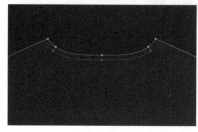

图 3-72　　　　　　　　　　　图 3-73　　　　　　　　　　　图 3-74

选择"线缝纫"工具，将护领条上、下两边与后衣片护领条内部线缝合，如图 3-75 所示。在"属性编辑视窗"中将"缝纫线类型"改为"合缝"如图 3-76 所示。

使用"选择 / 移动"工具选中护领条版片，在 3D 视窗中的版片上单击鼠标右键，在弹出的快捷菜单中选择"移动到里面"选项，如图 3-77 所示，对版片安排。隐藏虚拟模特可以看到安排好的版片，如图 3-78 所示。将版片粒子间距设置为 5，然后进行模拟。

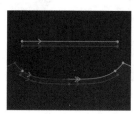

图 3-75　　　　　　　　图 3-76　　　　　　　　图 3-77　　　　　　　　图 3-78

使用"编辑版片"工具在护领条上、下两边各生成一条内部线，间距为 0.1 cm。使用"选择 / 移动"工具在护领条版片上单击鼠标右键，在弹出的快捷菜单中选择"生成里布"→"生成里布层（里侧）"选项，复制出一个护领条版片，如图 3-79 所示，两个护领条自动缝合在一起。3D 视窗中生成的新版片会自动安排在原来的护领条里面，如图 3-80 所示。

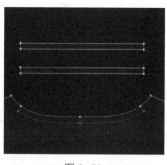
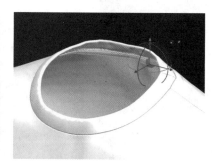

图 3-79　　　　　　　　　　　图 3-80

注意：根据设计需要，可以做一个护领条，也可以做两个护领条。

TIP：

在制作双层效果时，通常会使用"生成里布层（里侧）"或"生成里布层（外侧）"选项，生成里侧或外侧主要取决于是否方便版片安排和模拟。生成的版片与原始版片会保持联动关系，无论外轮廓线还是内部线都会对应自动缝合，通常用来制作羽绒服或双层结构的服装。

选中所有版片，在"属性编辑视窗"中将"额外模拟厚度"改为 1，按 Space 键进行模拟，完成护领条制作，如图 3-81 所示。

T 恤衫数字样衣缝制效果如图 3-82 所示。

 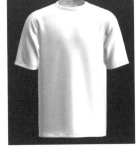

图 3-81　　　　　　　　　　　　　图 3-82

3.3.2　T 恤衫数字面辅料设置

1. 面料设置

在场景管理视窗的"织物"窗口中单击"操作"→"打开"按钮，如图 3-83 所示，打开已经准备好的素材——衣身面料，然后选中前、后衣片和袖片版片，如图 3-84 所示。

 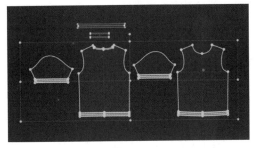

图 3-83　　　　　　　　　　　　　图 3-84

选中前、后衣片和袖片后，在打开的衣身面料上单击鼠标右键，在弹出的快捷菜单中选择"应用到选中版片"选项，如图 3-85 所示。T 恤衫衣身和袖片被应用新的面料，如图 3-86 所示。

图 3-85　　　　　　　　　　　　　图 3-86

使用同样的方法打开领口罗纹面料，选中领子版片，在领口罗纹面料上单击鼠标右键，在弹出的快捷菜单中选择"应用到选中版片"选项，领子也应用新的面料，如图 3-87 所示。整体效果如图 3-88 所示。

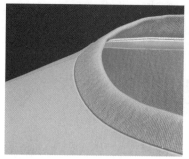

图 3-87 　　　　　　　　　　　　图 3-88

TIP:

　　如果对已有面料素材不满意，可以在"属性编辑视窗"中对面料素材进行编辑，更改其颜色和其他参数。

　　1）护领条面料设置。护领条一直是默认织物，现在对护领条织物进行编辑。在"织物"窗口中选择默认织物，选择"属性编辑视窗"→"物理属性"→"预设"→"棉类"→"全棉帆布"选项（根据自己需要进行选择），使护领条具有帆布的属性，如图 3-89 所示。

　　2）面料物理属性。面料物理属性主要是指面料的轻薄、柔软或硬挺程度，可以在预设中直接选择不同面料的物理属性，如棉、麻、丝、毛等，也可以通过经纬纱的拉伸、弯曲和变形等对选择的物理属性进行编辑、更改。

图 3-89

　　为护领条添加法线。打开资源库，单击"面料 / 材质"库，双击"织物法线图"文件夹，再双击"棉"文件夹，找到"帆布"法线图，直接拖拽至"属性编辑视窗"中法线贴图后面的 ■ 上，让护领条有凹凸的肌理效果，具有帆布质感，如图 3-90 ～图 3-92 所示。

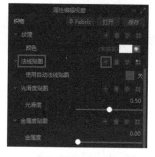

图 3-90 　　　　　　　　　　　　图 3-91

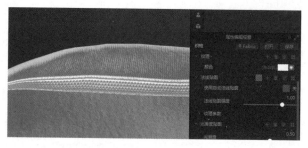

图 3-92

TIP:

不同面料的质感不同，法线贴图用来凸显面料肌理效果，增加面料纹理的立体感。

单击"属性编辑视窗"→"纹理"→"颜色"后面的色块，弹出"颜色"对话框，单击"吸管"

按钮在 T 恤衫上吸取颜色，并添加到色板中以备后面设置明线颜色时使用，如图 3-93 所示，然后单击"确定"按钮，护领条颜色和面料设置完成，如图 3-94 所示。

 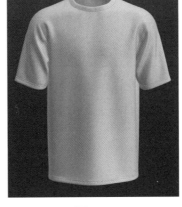

图 3-93　　　　　　　　　　　图 3-94

2. 图案设计

在场景管理视窗的"图案"窗口中单击"操作" ▇ → "打开"按钮，打开已有的 T 恤衫图案素材。在"素材"菜单中选择"图案工具" 🐾，当光标放在前衣片上时会有线框显示，如图 3-95 所示；在前衣片上单击，图案会放置在前衣片上，如图 3-96 所示。

图 3-95　　　　　　　　　　　图 3-96

在"素材"菜单中选择"调整图案"工具 🐾，单击图案时会出现带有 4 个节点的圆圈，如图 3-97 所示。当光标放在节点上直线两端出现箭头时可以缩放图案，拖拽光标可以放大和缩小图案；当鼠标放在圆圈的线上出现两个弯曲追逐的箭头时可以旋转图案；当鼠标放在圆圈内呈现"调整图案"图标时可以移动图案，如图 3-98 所示。

图案编辑除放大、缩小、移动和旋转外，还可以在"属性编辑视窗"中对"图案工艺"和"渲染类型"及"颜色"等根据设计需求进行设置，如图 3-99 和图 3-100 所示。本项目中"图案工艺"选择的是"数码印花"。

 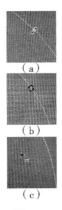

图 3-97　　　　　　　　　图 3-98
（a）缩放图案；（b）旋转图案；
（c）移动图案

图 3-99 图 3-100

TIP:

"渲染类型"下拉列表中标注"（仅渲染）"的选项，只有在渲染以后才能够看到效果。渲染的操作在本项目后面有具体讲解。

3. 明线制作

（1）领口明线制作。在"素材"菜单中选择"线段明线"工具 ，在 2D 视窗中的前衣片版片上单击前领窝线，添加明线，如图 3-101 所示。在后衣片的后领窝处单击护领条两边的领窝线，如图 3-102 所示。

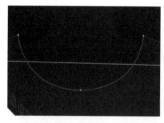

图 3-101 图 3-102

注意：明线根据设计需要设置，在日常生活和学习中应多观察服装的工艺细节。

在场景管理视窗的"明线"窗口中选择已经使用的默认明线，如图 3-103 所示。在"属性编辑视窗"中设置"线的数量"为 1，"宽度"为 0.05 cm，"到边距"为 0.1 cm，如图 3-104 所示。也可以在"明线库"中选择需要的明线类型。

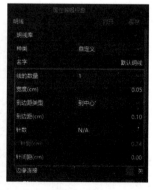

图 3-103 图 3-104

在"明线"窗口中选中明线，单击"属性编辑视窗"→"纹理"→"颜色"后面的色块，弹出"颜色"对话框，如图 3-105 所示，将明线颜色设置为与服装颜色相同。前、后领窝明线制作完成，如图 3-106 所示。

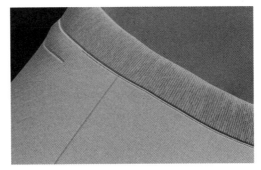

图 3-105   图 3-106

TIP：

在场景管理视窗的"图案"窗口中单击明线，可以对明线属性进行编辑，编辑后的效果可以在 3D 视窗中预览。在"明线库"中可以选择明线样式，如四针六线、三角针、套结等；"线的数量"可以设置明线数量，如单明线还是双明线等；"宽度"可以设置明线的粗细；"到边距"可以设置明线到生成明线的线段的距离；"针距"可以设置明线每一针的长度，"针间距"可以设置每一针之间的距离。

在"材质"区域可以设置明线的材质类型，如丝绸、皮革、金属等；在"纹理"区域可以添加明线的样式贴图，也可以在颜色中更改明线色彩；"3D 凹痕效果"选项打开以后可以让明线更加形象逼真；"网格面"可以将明线设置在服装版片的正面、反面，或者两面都有。

（2）护领条明线制作。护领条明线可以使用到边距为 0.1 cm 的明线。后衣身版片上护领条的明线到边距为 0 cm，因此要再增加一条明线。

在"明线"窗口中单击"添加"按钮 ■，增加一条默认明线，如图 3-107 所示。选择新增加的默认明线，再选择"自由明线"工具，单击后衣片上护领条下边线，如图 3-108 所示。

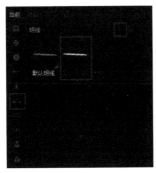

图 3-107   图 3-108

TIP：

1）线段明线：单击线段直接添加明线。

2）自由明线：先单击起点，再单击终点添加明线。

3）编辑明线：对于已经制作完成的明线，可以通过编辑明线工具进行编辑，如选中明线，按 Delete 键删除，或者单击鼠标右键通过快捷菜单删除、设置层次或进行智能转换等操作。

在场景管理视窗的"明线"窗口中选择新增加的明线，在"属性编辑视窗"中设置"线的数量"为 1，"宽度"为 0.05 cm，"到边距"为 0 cm，如图 3-109 所示。颜色设置为与领窝明线相同的颜色，完成护领条明线制作，如图 3-110 所示。

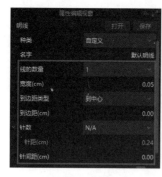

图 3-109

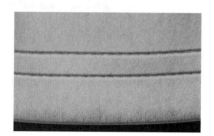

图 3-110

注意：在一件服装中，明线的形状、线的宽度、针距等属性要保持一致。

（3）衣摆、袖口明线制作。

方法一：直接使用护领条明线，选择"线段明线"工具，单击衣摆和袖口最上面的两条内部线，添加明线效果，如图3-111所示。

方法二：在场景管理视窗的"明线"窗口中单击"添加"按钮增加一条默认明线。选择"线段明线"工具，单击衣摆和袖口的翻折线。设置新增加的默认明线属性——数量为2，线间距为0.6 cm，宽度为0.05 cm，到边距为1.4 cm，然后更改颜色与服装颜色相同。

图 3-111

（4）衣摆、袖口内部明线制作。T恤衫袖口和衣摆通常会采用二针四线，因此里面和外面效果不同。在场景管理视窗的"明线"窗口中单击"添加"按钮增加一条默认明线。设置明线属性：明线库选择二针四线，线的数量为1，宽度为0.6 cm，到边距为0.3 cm，如图3-112所示。选择"线段明线"工具，单击前、后衣片衣摆边线和袖口边线，完成T恤衫袖口和衣摆内部明线制作，如图3-113所示。

图 3-112

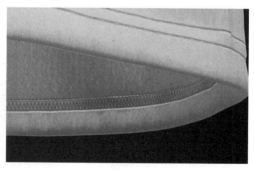

图 3-113

TIP:

添加明线可以使用"线段明线"工具，也可以使用"自由明线"工具，就像缝纫时可以使用"线段缝纫"工具和"自由缝纫"工具一样，主要根据明线的属性和个人操作习惯而定。

3.3.3 T恤衫离线渲染

在"工具"菜单中选择"离线渲染"工具，2D视窗变为"渲染"窗口，如图3-114所示。单击"同步"按钮，"渲染"窗口内容与3D视窗相同，如图3-115所示。调整3D视窗中服装的大小和角度，"渲染"窗口中的服装也会随着一起变化。

图 3-114   图 3-115

单击"渲染图片属性"按钮 ，可在"属性编辑视窗"中根据需要对图片属性进行设置。单击"灯光属性"按钮，可以在"属性编辑视窗"中根据需要对灯光属性进行设置，如图 3-116 所示。

图 3-116

TIP:

如果想要得到更加清晰和逼真的服装效果，需要进行渲染，渲染不仅可以使图片更加清晰，而且可以看到很多特殊材质效果，如毛皮、玻璃、闪粉等，并且通过灯光属性设置还可以渲染不同的氛围感。

单击"同步"按钮可以使"渲染"窗口与 3D 视窗同步，当调整好图片属性、灯光属性及图片的大小和角度后，需要先单击"停止"按钮，然后单击"最终"按钮，进行最终渲染。渲染完成以后会弹出"图片已经被保存"的提示对话框，如图 3-117 所示。渲染完成后的效果如图 3-118 所示。

图 3-117   图 3-118

TIP:

图片渲染完成后，会按照"渲染图片属性"中设置的名字和保存路径进行自动存储，会有"图片已经被保存"的提示对话框，也可以在"渲染"窗口中的服装上单击鼠标右键进行存储或复制。

如果单击"停止"按钮，会停止已经进行的"同步渲染"和"最终渲染"。

不同角度的渲染图如图 3-119～图 3-122 所示。

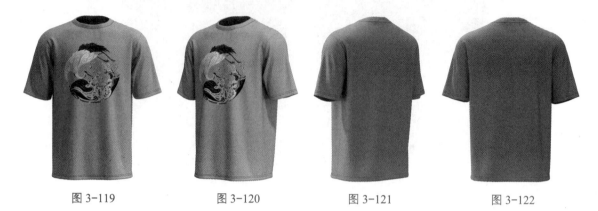

图 3-119   图 3-120   图 3-121   图 3-122

TIP：

在实际生活中，服装制作是要按照一定工艺流程操作的，但是在数字化虚拟缝制过程中，可以不按实际生活中的工艺流程操作，只要缝合的对应部位和工艺正确就可以。

注意：服装图案来源于 POP 服装趋势网。

3.4   素养提升

中国传统图案——吉祥纹样

中国传统图案是中国传统文化的重要组成部分，贯穿中国历史发展的整个流程，也一直贯穿于人们的生活之中。请扫描二维码了解详情，思考和探讨以下问题。

（1）我国不同朝代具有代表性的传统图案有哪些？

（2）如何将传统图案应用于服装设计？

微课：中国传统图案——吉祥纹样

中国传统技艺之美——印染

印染是在织物上添加图案的一种加工方式。那么在古代科技不发达的情况下，人们是怎么进行印染的呢？请扫描二维码了解详情，思考和探讨以下问题。

（1）传统的印染方法有哪些？现代的数码印花与传统印染相比有什么优势？

（2）服饰的图案工艺中除了印染，还有哪些传统工艺？

中国传统技艺之美——印染

3.5   项目思考与实训

3.5.1   项目思考

1. 单项选择题

（1）能够让服装包裹在虚拟模特周围的工具是（   ）。

     A."编辑版片"   B."勾勒轮廓"   C."排料"   D."安排点"

（2）选择多条线段或多个点时需要按（　　　）键。

  A. Ctrl   B. Shift   C. Alt   D. Ctrl+Alt

（3）版片和面料的参数在（　　　）中设置。

  A."工具"菜单   B."属性编辑视窗"   C."开始"菜单   D."素材"菜单

（4）编辑基础线的工具是（　　　）。

  A."选择 / 移动"   B."编辑版片"   C."勾勒轮廓"   D."笔"

（5）"离线渲染"工具在（　　　）菜单中。

  A."文件"   B."开始"   C."素材"   D."工具"

2. 判断题

（1）两点间的线段不能使用"自由缝纫"工具缝合。 （　　　）

（2）添加 T 恤衫图案通常使用"图案工具"，编辑 T 恤衫图案使用"编辑纹理"工具。 （　　　）

（3）"线段缝纫"工具只能缝合两点间的线段，"自由缝纫"工具可以缝合任意线段。 （　　　）

（4）版片粒子间距越小，网格就越小。 （　　　）

（5）添加 DXF 版片时执行"文件"→"打开"→"打开 DXF 文件"命令。 （　　　）

3.5.2　项目实训

  T 恤衫数字样衣设计与制作。

3.6　项目评价与总结

3.6.1　项目评价

评价项目 与分数	T 恤衫制作基础（40 分）		T 恤衫模拟（30 分）		T 恤衫细节与展示 （30 分）	
	版片编辑与安排 （20 分）	版片缝纫 （20 分）	服装形态 （20 分）	服装工艺 （10 分）	细节 （20 分）	展示 （10 分）
教师评价（60%）						
学生互评（20%）						
学生自评（20%）						
总分合计						

3.6.2　项目总结

  通过完成此项目，你学到哪些知识和技能？还有哪些不足之处，并准备如何弥补和提升？

 # 项目 4
女衬衫

4.1　项目表单

项目名称	女衬衫
项目描述	尖领女衬衫有腰省和腋下省，明门襟，七粒扣，圆下摆，袖口开衩，有一个褶裥，领子、门襟、袖口和衣摆处缉明线
项目内容	1. 女衬衫数字样衣缝制； 2. 女衬衫数字面料设置； 3. 女衬衫细节处理与展示
项目目标	知识目标： 1. 掌握女衬衫数字样衣的缝制流程； 2. 掌握女衬衫数字样衣的缝制方法； 3. 掌握女衬衫数字样衣的面料设置方法； 4. 掌握女衬衫数字样衣的展示方法。 技能目标： 1. 能够使用软件进行女衬衫数字样衣缝制； 2. 能够对女衬衫数字样衣进行细节处理； 3. 能够进行女衬衫数字样衣展示。 素养目标： 1. 培养学生对传统文化的认识与热爱； 2. 培养学生保护和传承传统手工艺的意识； 3. 培养学生的民族认同感和凝聚力； 4. 学习传统文化，为创作提供灵感，推动时尚创新与发展
项目重点	衬衫领、门襟、扣子、袖衩与克夫制作，条纹面料应用
项目难点	袖衩与克夫制作、面料物理属性编辑
项目资源	1. 女衬衫版片、面料； 2. 微视频； 3. 网络课程

4.2　项目准备

（1）收集男、女衬衫款式和流行趋势。

（2）登录泛雅平台，预习网络课程。

（3）课前思考。

1）男、女衬衫款式各有什么特点？

2）衬衫制作工艺流程是什么？

3）衬衫常用面料及特点有哪些？

4.3　项目实施

4.3.1　女衬衫数字样衣缝制

1. 导入版片

执行"文件"→"导入"→"导入 DXF 文件"命令，如图 4-1 所示，打开后的版片如图 4-2 所示。

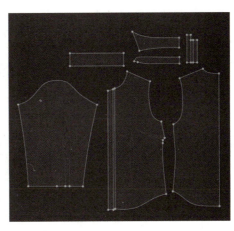

微课：衬衫
制作

图 4-1　　　　　　　　　图 4-2

2. 编辑版片

导入后的版片顺序混乱且不完整，需要在 2D 视窗中对已有版片进行编辑。

（1）重新摆放版片位置。使用"选择 / 移动"工具，把袖子放到前、后衣片中间，把袖克夫和宝箭头放在袖口的对应位置。

（2）编辑对称版片。使用"编辑版片"工具，在后衣片后中心线上单击鼠标右键，在弹出的快捷键菜单中选择"边缘对称"选项。使用同样的方法对翻领和领座也进行边缘对称操作。

（3）克隆版片。使用"选择 / 移动"工具，框选门襟、前衣片、袖片、克夫和宝箭头版片（也可以按 Shift 键多选），然后单击鼠标右键，在弹出的快捷菜单中选择"克隆对称版片（版片和缝纫线）"选项，然后放到合适位置。完成后效果如图 4-3 所示。

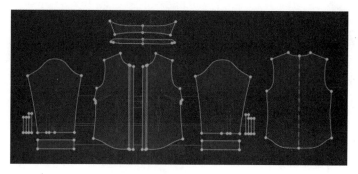

图 4-3

TIP:

1）边缘对称。在服装制版时，对于对称的款式通常只绘制一半，另一半可以对称展开，"边缘对称"功能就是将对称的版片进行展开，并且展开后的左、右两边具有联动功能。

2）克隆对称版片（版片和缝纫线）。该功能不仅可以克隆对称的版片，而且版片和缝纫线都具有联动功能，当对一个版片进行操作时，克隆对称的版片就会自动进行操作，从而提高工作效率。

3. 安排版片

（1）打开虚拟模特。在场景管理视窗中单击"资源库"按钮，在"资源库"面板中单击"模特"按钮，在"女"模特文件夹中双击女模特，把虚拟模特加载到 3D 视窗中。

在 3D 视窗中单击鼠标右键，在弹出的快捷菜单中选择"重置 2D 安排"选项，可以将 3D 视窗中的版片排列与 2D 视窗同步。

（2）安排版片。在 3D 视窗中单击"显示安排点"按钮，然后将所有服装版片（除宝箭头外）根据安排点位置进行安排，包裹在虚拟模特身体周围，注意不要穿模，位置不合适时，可以通过定位球进行调整，如图 4-4 和图 4-5 所示。

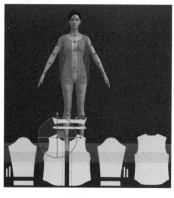   

图 4-4   图 4-5

4. 缝合版片

（1）处理省道。

1）腰省。使用"勾勒轮廓"工具选中腰省基础线，按 Enter 键将腰省基础线勾勒为内部线。使用"选择 / 移动"工具在腰省上单击鼠标右键，在弹出的快捷菜单中选择"转换为洞"选项，如图 4-6 所示，完成效果如图 4-7 所示。

2）腋下省。使用"勾勒轮廓"工具选中腋下省两条省边线，单击鼠标右键进行剪切，然后把剪切下来的腋下省版片删除；也可以使用"编辑版片"工具选中省和中线上的点，直接将点拖拽至省尖处。完成后的效果如图 4-8 所示。

TIP:

当将内部图形转换为洞时，内部图形中版片和结构会被删除，洞将作为版片边缘参与缝纫和模拟。

进行腰省处理时可以使用"勾勒轮廓"工具，选中腰省基础线后直接单击鼠标右键，在弹出的快捷菜单中选择"剪切"选项（或"剪切并缝纫"选项），如图4-9所示，然后将剪切的省道版片删除，同样可以完成腰省处理。

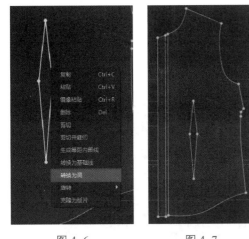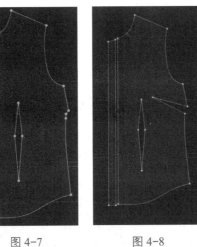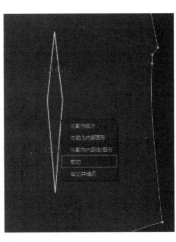

图 4-6　　　　　　　图 4-7　　　　　　　图 4-8　　　　　　　图 4-9

（2）缝合前、后衣片。使用"线缝纫"工具缝合省道、门襟、肩线和侧缝线，注意缝纫方向不要错。缝合侧缝线时先选中后侧缝线，然后按Shift键选择前衣片侧缝的两段线段。2D视窗中的缝纫效果如图4-10所示，3D视窗中的缝纫效果如图4-11所示。

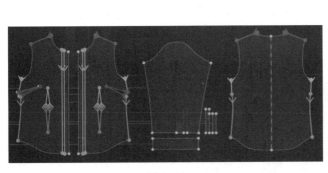

图 4-10　　　　　　　　　　　　　　图 4-11

（3）缝合袖子。

1）缝合褶裥。

①使用"勾勒轮廓"工具将袖片上的褶线和宝箭头基础线勾勒为内部线。使用"编辑版片"工具选择褶线端点，单击鼠标右键，在弹出的快捷菜单中选择"对齐到并加点"→"净边"选项。使用"勾勒轮廓"工具在袖片宝箭头开袖衩的线段上单击鼠标右键，在弹出的快捷菜单中选择"剪切"选项，如图4-12所示，剪切放大效果如图4-13所示。

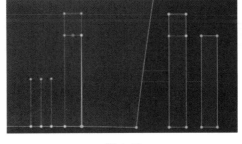

图 4-12　　　　　　　　图 4-13

②使用"翻折褶裥"工具（在"折叠安排"工具组中），在褶线左边单击起点，在褶线右边双击结束，弹出"翻折褶裥"对话框，单击"顺褶"单选按钮，设置"每个褶裥的内部线数量"为3，"折叠角度"为0°～360°，红色线为0°往外侧翻折，黄色线为360°往内侧翻折，单击"确定"按钮。或者使用"编辑版片"工具将褶线1直接改为0°，褶线2改为360°，褶线3改为180°，如图4-14所示。

③使用"自由缝纫"工具缝纫褶裥，将线段AB与CB缝合，再将AB与AD缝合，如图4-15所示，并在"属性编辑视窗"中将缝纫线类型由"平缝"改为"合缝"。袖子褶裥缝合完成。

2）缝合袖衩。

①使用"线缝纫"工具，将宝箭头与袖片上对应位置的内部线缝合，如图4-16所示。长宝箭头缝纫线类型要改为"合缝"，短宝箭头上端缝纫线类型也要改为"合缝"。

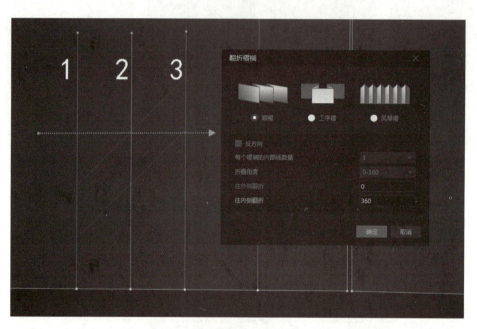

图 4-14

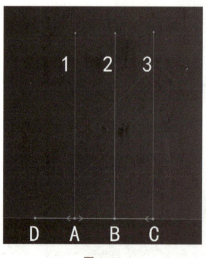

图 4-15

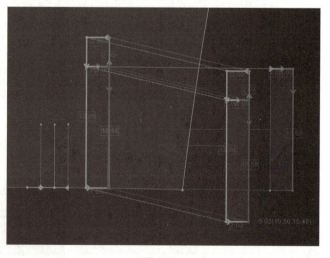

图 4-16

②缝合好袖衩后，选中袖衩版片，在3D视窗中单击鼠标右键，在弹出的快捷菜单中选择"移动到外面"选项，如图4-17所示；将袖衩版片安排到袖子版片外面，如图4-18所示。

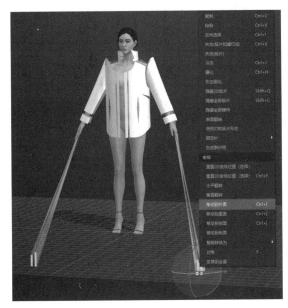

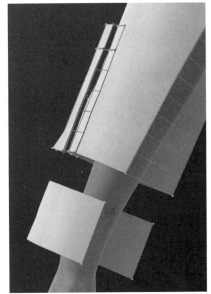

图 4-17   图 4-18

3）缝合克夫。

①选择"线缝纫"工具或"自由缝纫"工具，将袖克夫、袖子、袖衩进行缝合。因为是"一对多"缝纫，所以缝合时要按住 Shift 键，注意缝纫方向不要错，尤其是褶裥的地方在前面已经缝纫完成了，因此在与袖克夫缝合时要将褶裥的量空出来。2D 视窗中的效果如图 4-19 所示，3D 视窗中的效果如图 4-20 所示。

②将袖侧缝缝合，袖山与袖笼缝合（这个过程可以与前面的衣片缝合一起进行），完成袖子版片的缝合。

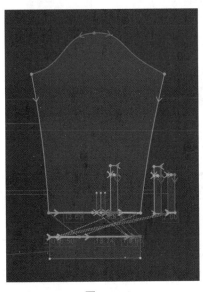

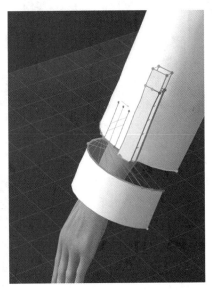

图 4-19   图 4-20

（4）缝合领子。使用"线缝纫"工具将翻领与领座缝合，注意领座对位点。使用"自由缝纫"工具将领子与前、后衣片进行缝合。先选择领座，然后按住 Shift 键依次选择门襟和前、后衣片领窝线，完成效果如图 4-21 所示。

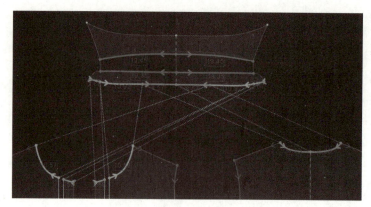

图 4-21

5. 模拟

使用"勾勒轮廓"工具将前衣襟的前中心线勾勒为内部线并缝合（主要为了模拟时版片平整服帖，便于钉纽扣和系纽扣，纽扣钉装完后再将这条缝纫线删除），如图 4-22 所示。

在 3D 视窗中将左、右衣襟进行前后排列，以便于模拟时识别层次。

对于有褶裥和需要翻折的版片可以进行硬化，以便于折叠。

检查所有缝纫线无误后，单击"模拟"按钮或按 Space 键进行模拟。完成效果如图 4-23 所示。

图 4-22   图 4-23

6. 制作纽扣与扣眼

（1）在 2D 视窗的"素材"窗口中选择"纽扣"工具 ，在前中心线上靠近前颈窝处单击鼠标右键，弹出"沿内部线或净边添加纽扣"对话框，根据设计需要设置起始位置、终止位置和纽扣数量。这里设置起始位置为 4 cm，终止位置为 12 cm，数量为 6，如图 4-24 所示。

（2）在场景管理视窗中选择纽扣，在"属性编辑视窗"的"纽扣库"中根据设计选择纽扣样式，将宽度设置为 1 cm，材质设置为塑料（可根据设计需要设置），如图 4-25 所示。纽扣颜色可以待面料设计完成以后进行设置。

（3）在 2D 视窗的"素材"窗口中选择

图 4-24   图 4-25

"扣眼"工具 ，采用与纽扣相同的方法制作扣眼，如图 4-26 所示。在场景管理视窗中选择扣眼，在"属性编辑视窗"的"扣眼库"中选择衬衫扣眼样式，将宽度设置为 1.2 cm 或 1.3 cm，如图 4-27 所示。颜色可以待面料设计完成以后进行设置。

（4）在 2D 视窗中选择扣眼，在"属性编辑视窗"中将角度改为 90°。选择"扣眼"工具，在 2D 视窗中的扣眼上单击鼠标右键，在弹出的快捷菜单中选择"解除组"选项，然后选中最后一个扣眼将角度改回 180°，如图 4-28 所示。

（5）对于领座上的纽扣和扣眼，直接使用"纽扣"和"扣眼"工具在对应位置单击即可。

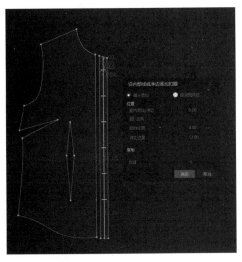

图 4-26　　　　　　　　　　　图 4-27　　　　　　　图 4-28

TIP:

对衬衫扣眼，通常领座上扣眼为横向，衣身上最后一个扣眼为横向，其他为竖向。另外，衬衫的第一粒纽扣距前颈窝点距离较小，其他扣距可以大一些且等距间隔。纽扣和扣眼可以整体添加，也可以单独添加。

（6）在"素材"窗口中选择"系纽扣"工具 ⊕，框选纽扣再单击对应的扣眼即可，如图 4-29 所示。再次同样操作可以解开纽扣。在 3D 视窗中可以看到系好纽扣的效果，如图 4-30 所示。系好纽扣以后就可以将前中心线处的缝纫线删除。

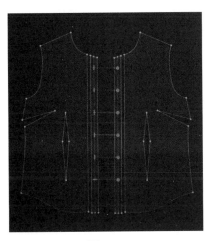
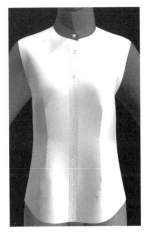

图 4-29　　　　　　　　　　　图 4-30

制作袖克夫纽扣和扣眼。先确定纽扣和扣眼位置。使用"编辑版片"工具，在袖克夫两侧边线上分别单击鼠标右键，在弹出的快捷菜单中选择"生成等距内部线"选项，间距为 1 cm，扩张数量

1，默认方向，勾选"延伸到净边"复选框，再用"加点"工具在生成的两条内部线中点处加点，然后使用"纽扣"和"扣眼"工具在点上添加纽扣和扣眼，如图 4-31 所示。依次选择"系纽扣"工具、"纽扣"按钮、"扣眼"按钮，将袖克夫纽扣系上，如图 4-32 所示。

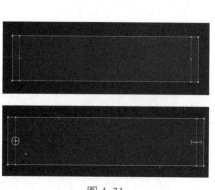

图 4-31

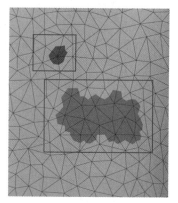

图 4-32

TIP:

袖口系纽扣时，容易发生层次错乱的情况，可以先在 3D 视窗中把袖克夫整理好层次后再进行模拟。整理袖克夫时可以借助"固定针"工具（快捷键是 W）。

选择"固定针"工具后版片会变成网格状，可以单击网格交点添加固定针，也可以框选添加一片固定针，添加的固定针为橙色，如图 4-33 所示。如果使用"选择/移动"工具，按住 W 键单击添加固定针则不会出现网格。

在 3D 视窗中模拟状态时，可以通过拖动固定针来拖动并固定服装版片，达到想要的效果和状态。完成操作以后，使用"选择/移动"工具在 3D 视窗中的固定针上单击鼠标右键，可以删除固定针或进行其他操作。

图 4-33

7. 模拟

选择袖子，在 3D 视窗中单击鼠标右键解除硬化，平衡好服装状态后，单击"模拟"按钮或按 Space 键进行模拟，如图 4-34 所示。

在模拟状态下，单击虚拟模特，在"属性编辑视窗"中将"姿势"由"A"姿势更改为"I"姿势。使用"勾勒轮廓"工具将翻领线勾勒为内部线，选择"折叠安排"工具将领子翻折下来，完成效果如图 4-35 所示。

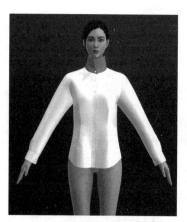

图 4-34

图 4-35

8. 细节

（1）选中所有版片，在"属性编辑视窗"中将"粒子间距"改为 5 mm。

（2）使用"编辑版片"工具在翻领线两边生成两条间距为 0.2 cm 的内部线，设置三条线折叠角度为 210°～240°，使领子翻折效果更加细腻，如图 4-36 所示。

（3）在领座、翻领、门襟、袖克夫等有明线的地方，根据明线情况生成等距内部线，并设置明线宽度为 0.05 cm，到边距为 0 cm，在内部线上添加明线效果，如图 4-37 所示。

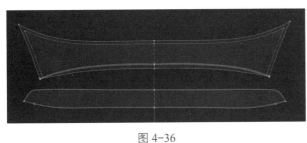 

图 4-36　　　　　　　　　　图 4-37

（4）使用"选择/移动"工具，选中领座、翻领、门襟、袖克夫版片，单击鼠标右键，在弹出的快捷菜单中选择"生成里布——生成里布层（内侧）"选项，做出双层效果，并在"属性编辑视窗"中设置粘衬，在 3D 视窗左边菜单中设置"隐藏样式 3D"。删除两层领面版片翻折线之间的缝纫线。设置渲染厚度为 0.5 cm，根据模拟效果调整，如图 4-38 所示。

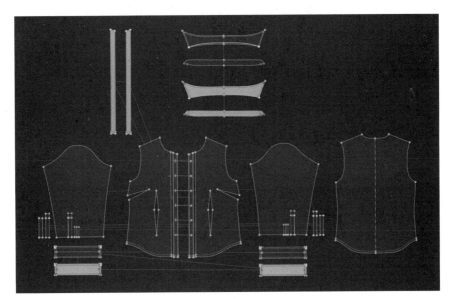

图 4-38

TIP：

对于双侧效果，也可以使用"编辑版片"工具，单击这些版片的轮廓线，在"属性编辑视窗"中设置"双层表现"，模拟双层效果；对于袖克夫，也可以使用"版片净边移动"工具，将克夫宽度增加一倍，然后向上翻折，制作双层效果。

（5）选择"造型刷"工具，在"造型刷"面板中设置收缩率为负值，调整熨斗尺寸，如图 4-39 所示。在 2D 前衣片省尖位置进行熨烫，如图 4-40 所示，使省尖位置更加平整服帖，完成效果如图 4-41 所示。

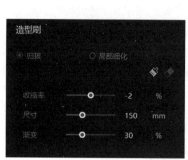

图 4-39   图 4-40   图 4-41

TIP:

当收缩率是负值时为"归";当收缩率是正值时为"拔"。在做归拔时可以打开模拟,根据 3D 视窗中的模拟效果随时进行调整。

4.3.2 女衬衫数字面辅料设置

1. 面料设置与编辑

(1)在场景管理视窗中单击"资源库"按钮,选择"面料 / 材质"选项,再单击右上角的"在线素材库"按钮,如图 4-42 所示。打开"云端下载"窗口,选择"官方面料"选项卡,如图 4-43 所示。

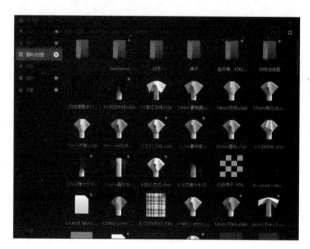

图 4-42

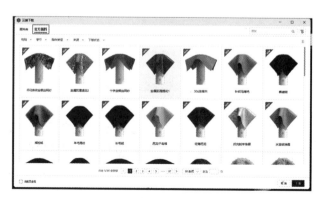

图 4-43

（2）在"官方面料"选项卡中选择需要的面料，本项目采用棉质感的条纹面料，可以在右上角搜索框中输入关键词"条纹"进行搜索，选择需要的面料，单击"下载"按钮即可，如图 4-44 所示。

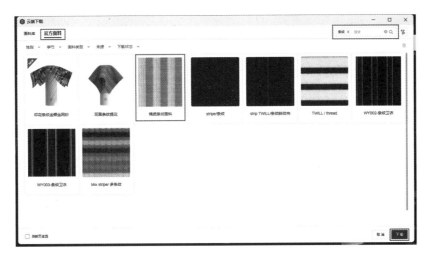

图 4-44

（3）下载的面料可以在"面料 / 材质"选项界面中找到，如图 4-45 所示。双击下载的面料就可以将其添加到场景管理视窗的"织物"窗口中，并且会弹出"添加到素材成功"的提示对话框，如图 4-46 所示，单击"确定"按钮，关闭资源库。在场景管理视窗的"织物"窗口中可以看到添加的"条纹"面料，如图 4-47 所示。

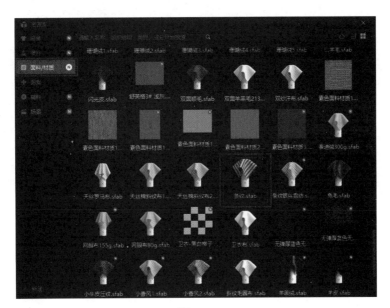

图 4-45

图 4-46

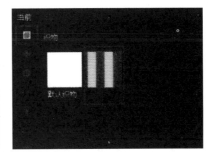

图 4-47

（4）使用"选择/移动"工具，框选所有的衬衫版片，在场景管理视窗的"织物"窗口中的"条纹"面料上单击鼠标右键，在弹出的快捷菜单中选择"应用到选中版片"选项，如图4-48所示。衬衫应用"条纹"面料的效果如图4-49所示。

图 4-48　　　　　　　　　　图 4-49

（5）在"素材"窗口中使用"编辑纹理"工具 ![tool]，在2D或3D视窗中单击任意服装版片，可以对图案整体的大小、方向和位置等编辑，如图4-50所示。

图 4-50

TIP：

"编辑纹理"工具可以对面料上的图案进行放大、缩小、改变方向和移动位置等编辑。

单击版片后，视窗右上角会有"纹理编辑"图标，如图4-51所示。当把光标放在垂直线段上，垂直线段呈现黄色高亮状态时，按住鼠标左键进行上下拖拽，可以调整图案纵向比例。当将鼠标放在水平线段上，水平线段呈现黄色高亮状态时，按住鼠标左键进行左右拖拽，可以调整图案横向比例。

当将光标放在中间45°方向线段上，中间45°方向线段呈现黄色高亮时，按住鼠标左键按照线的方向进行拖拽，可以对整体图案进行大小调整，向左下角拖拽可以缩小图案，向右上角拖拽可以放大图案。当将光标放在弧线上，光标呈现两个弯箭头时，可以按住鼠标左键顺着弧线方向旋转，对图案进行整体方向的改变。

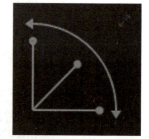

图 4-51

当使用"编辑纹理"工具单击服装版片时，版片上会出现纱向标志（两端带有箭头的线段），按住鼠标左键拖拽纱向标志，可以移动图案；旋转纱向标志，可以对单独版片的纱向进行调整，同时图案也会跟随一起旋转，改变方向。

（6）观察所有版片纱向是否正确。在本案例中，领座和袖克夫的纱向需要调整。使用"编辑纹理"工具，单击领座版片，如图4-52所示。把纱向标志由原来的纵向调整为横向（注意：里外两侧都要调整），如图4-53所示。袖克夫操作与领座相同。

图 4-52   图 4-53

（7）该款衬衫采用条纹图案，因此除方向准确外，还要对条纹，如对前后衣片的肩线处、袖口宝箭头、门襟等部位进行对条处理，如图4-54和图4-55所示。

图 4-54   图 4-55

TIP:
　　因为衬衫是对称款式，所以图案左右也要尽可能对称（该款衬衫采用条纹图案，因此只需对条纹即可）；如果面料图案是格子，则要对衣身、门襟、领子、袖子等版片进行对格处理。

（8）如果想更改面料色彩，可以在场景管理视窗的"织物"窗口中单击"条纹"面料，在下面"属性编辑视窗"的"纹理"区域单击"图片编辑器"按钮█，如图4-56所示。左边会弹出"图片编辑视窗"，如图4-57所示，通过上面的工具可以对图片属性进行设置。

　　如果想更换色彩，可以使用"色彩平衡""色相/饱和度"等工

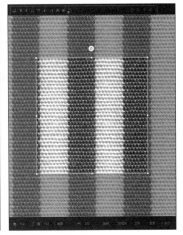

图 4-56   图 4-57

具，调整好色彩以后单击"应用"按钮即可，如图 4-58 所示。单击"关闭"按钮会弹出"图片改动未应用，是否应用"的提示对话框，单击"是"按钮，衬衫由原来的蓝色条纹变为玫红色条纹，效果如图 4-59 所示。

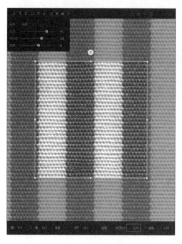

图 4-58　　　　　　　　　　　　　　　图 4-59

另外，也可以在"纹理"区域单击"自定义软件"按钮，选择软件进行编辑，如"PS"，如图 4-60 所示。然后直接进入 Photoshop 软件系统，如图 4-61 所示，编辑好以后重新存储应用即可。

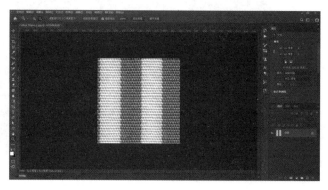

图 4-60　　　　　　　　　　　　　　　图 4-61

2. 明线设置、纽扣与扣眼设置

根据衬衫款式，在翻领、领座、门襟、衣摆、袖口等部位添加明线。可以使用"编辑版片"工具在所有需要添加明线的部位生成等距内部线（间距值该衬衫翻领为 0.5 cm，领座为 0.1 cm，门襟为 0.3 cm，袖衩宝箭头为 0.1 cm，袖口为 0.5 cm，衣摆为 1 cm。明线到边距的值要根据款式设计进行设置），如图 4-62 所示。

在场景管理视窗的"明线"窗口中单击默认明线，在"属性编辑视窗"中设置明线数量为 1，宽度为 0.05 cm，到边距为 0 cm，如图 4-63 所示。

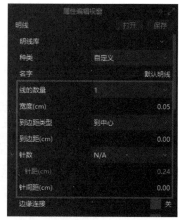

图 4-62　　　　　　　　　　　　　　　图 4-63

TIP:

这里设置明线的方法是生成等距内部线，并将明线到边距设置为 0 cm，然后使用"线段明线"工具直接单击内部线，或使用"自由明线"工具直接在内部线上绘制。

绘制明线也可以使用明线工具单击或描绘版片轮廓线，这种方法需要先在"属性编辑视窗"中设置明线参数，尤其是到边距的值要根据明线到边距的宽度进行设置。另外，每条明线参数值是固定的，如果到边距值不同，就要在场景管理视窗的"明线"窗口单击"新建"按钮创建新的明线，并对其属性进行设置。

使用"线段明线"工具单击生成的等距内部线绘制明线，翻领和领座使用"自由明线"工具，然后根据面料设置纽扣和扣眼的颜色，如图 4-64 和图 4-65 所示。

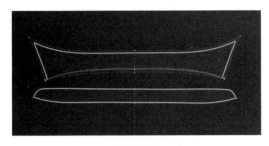 

图 4-64　　　　　　　　　　　　　　　图 4-65

4.3.3　女衬衫离线渲染

在"工具"菜单中选择"离线渲染"工具 ，2D 视窗变为"渲染"窗口。单击"同步"按钮，"渲染"窗口内容与 3D 视窗相同，如图 4-66 所示。

图 4-66

单击"渲染图片属性"和"灯光属性"按钮，根据需要对图片属性和灯光进行设置，如图 4-67 和图 4-68 所示。

图 4-67   图 4-68

单击"停止"按钮，再单击"最终"按钮开始渲染，完成后效果如图 4-69 ～图 4-72 所示。

图 4-69   图 4-70   图 4-71   图 4-72

4.4   素养提升

最美东方符号——盘扣

　　在服装的开合方式中，纽扣是最为常见的形式，如衬衫、西装上的纽扣。古人的服装比较宽松，通常会用一根带子进行束绑，后来渐渐使用盘扣，并做成各种花样，增加服装美感。请扫描二维码了解详情，思考和探讨以下问题。

　　（1）盘扣的种类有哪些？在现代服装设计中如何应用盘扣？

　　（2）盘扣除了应用在服装上，还可以应用在什么地方？

微课：最美东方
符号——盘扣

中国服饰文化——刺绣

　　刺绣是我国民间传统手工艺之一，它的用途广泛，主要包括生活和艺术装饰，如服装、床上用品和艺术品等。请扫描二维码了解详情，思考和探讨中国的名绣有哪些，各有什么特点。

中国服饰文化
——刺绣

4.5　项目思考与实训

4.5.1　项目思考

1. 单项选择题

（1）翻折衬衫领子时使用的工具是（　　）。
　　　A. "编辑版片"　　　　　B. "折叠安排"　　　　C. "勾勒轮廓"　　　　D. "固定针"

（2）隐藏服装版片的快捷键是（　　）。
　　　A. Ctrl+Q　　　　　　B. Ctrl+W　　　　　　C. Shift+Q　　　　　D. Shift+W

（3）能够生成等距内部线的工具是（　　）。
　　　A. "选择 / 移动"　　　B. "编辑版片"　　　　C. "笔"　　　　　　D. "勾勒轮廓"

（4）编辑面料纹理使用的工具是（　　）。
　　　A. "编辑纹理"　　　　　B. "调整图案"　　　　C. "编辑版片"　　　　D. "编辑明线"

（5）隐藏虚拟模特的快捷键是（　　）。
　　　A. Shift +A　　　　　　B. Shift +B　　　　　C. Shift+C　　　　　D. Shift+D

2. 判断题

（1）基础线是无法删除的。　　　　　　　　　　　　　　　　　　　　　　　　（　　）
（2）自由缝纫就是随便缝纫，不需要注意方向。　　　　　　　　　　　　　　　（　　）
（3）"纽扣"和"扣眼"工具在"素材"菜单中。　　　　　　　　　　　　　　　（　　）
（4）固定针的快捷键是 W。　　　　　　　　　　　　　　　　　　　　　　　（　　）
（5）Style3D 软件中的线是没有角度的。　　　　　　　　　　　　　　　　　　（　　）

4.5.2　项目实训

　　衬衫数字样衣设计与制作（男、女衬衫不限）。

4.6 项目评价与总结

4.6.1 项目评价

评价项目 与分数	衬衫制作基础 （40分）		衬衫模拟 （30分）		衬衫细节与展示 （30分）	
	版片编辑与安排 （20分）	版片缝纫 （20分）	服装形态 （15分）	褶皱自然 （15分）	细节 （20分）	展示 （10分）
教师评价（60%）						
学生互评（20%）						
学生自评（20%）						
总分合计						

4.6.2 项目总结

通过完成此项目，你学到哪些知识和技能？还有哪些不足之处，并准备如何弥补和提升？

项目 5 ✄
裤 子

5.1 项目表单

项目名称	裤子
项目描述	男西裤，其门襟装拉链，前裤片有一个省，两侧为斜插袋，后裤片有两个省，左、右各有一个双牙子挖袋，腰头钉一粒纽扣，前后有 5 个裤袢
项目内容	1. 男西裤数字样衣缝制； 2. 男西裤数字面料设置； 3. 男西裤细节设计与展示
项目目标	知识目标： 1. 掌握男西裤数字样衣的缝制方法和工艺流程； 2. 掌握男西裤数字样衣的面料设置方法； 3. 掌握男西裤数字样衣的展示方法。 技能目标： 1. 能够使用软件进行男西裤数字样衣制作，并进行细节处理； 2. 能够对男西裤数字样衣进行面料设置； 3. 能够对男西裤数字样衣进行展示。 素养目标： 1. 了解传统服饰文化，提升知识储备； 2. 提升文化素养，激发创新意识； 3. 了解国产品牌，培养社会责任感； 4. 引导学生树立正确的价值观和消费观
项目重点	男西裤腰头、口袋和门襟制作
项目难点	男西裤形态调整与细节制作
项目资源	1. 男西裤版片、面料； 2. 操作视频； 3. 网络课程

5.2 项目准备

（1）收集裤子款式和流行趋势。

（2）登录泛雅平台，预习网络课程。

（3）课前思考。

1）裤子款式特点及设计要点是什么？

2）裤子制作工艺流程是什么？

3）牛仔裤有哪些特点？

5.3 项目实施

5.3.1 男西裤数字样衣缝制

1. 导入版片

执行"文件"→"导入"→"导入 DXF 文件"命令，在"导入 DXF"对话框中可以根据需要设置选项，如图 5-1 所示。导入后的版片如图 5-2 所示。

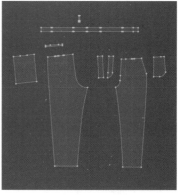

微课：裤子
制作

图 5-1   图 5-2

2. 编辑版片

因为导入的版片不完整，所以使用"选择/移动"工具，对版片位置进行重新排列，然后在 2D 视窗中选中前、后裤片，兜布，袋唇版片，单击鼠标右键，在弹出的快捷菜单中选择"克隆对称版片（版片和缝纫线）"选项，克隆的版片具有联动功能。复制裤袢，将所有缺失的版片补充完整（图 5-3）。

3. 安排版片

在"资源库"中选择男模特加载到 3D 视窗中，使用"显示安排点"工具，将前、后裤片，前片兜布，裤腰版片进行安排，如

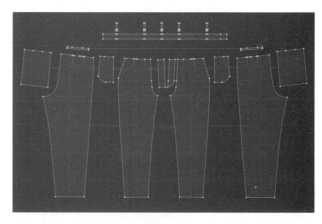

图 5-3

图 5-4 所示。

　　注意：兜布的层次在裤片的里面，如图 5-5 所示。单击后腰中心处的安排点安排裤腰版片，完成后效果如图 5-6 所示。安排好后隐藏安排点，其他剩余小的版片在缝纫完成后再安排。

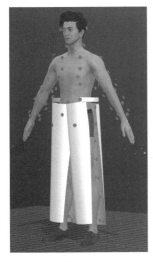 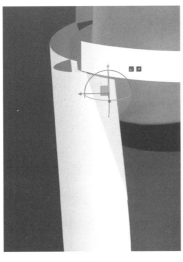 

图 5-4   图 5-5   图 5-6

TIP：

　　在安排后裤片时，版片和人体之间会有穿模现象，可以通过定位球调整，裆部有小部分穿模不会影响模拟。

4. 缝合版片

　　（1）缝合省道。可以先将省边线勾勒为内部线，再使用"编辑版片"工具选中省边线，单击鼠标右键，在弹出的快捷菜单中选择"剪切并缝纫"选项；也可以使用"编辑版片"工具，将裤腰上省中线点直接拖拽至省尖处，然后缝纫。两种方法皆可。完成后效果如图 5-7 和图 5-8 所示。

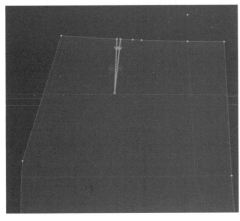 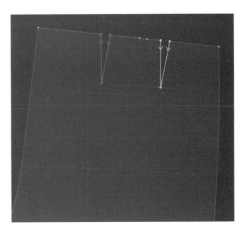

图 5-7   图 5-8

　　（2）缝合前、后裤片。缝合侧缝线时注意前片是由兜布和前裤片两部分组成的，缝合时要按 Shift 键。前浪部分不要全部缝合，要留出装拉链的位置（如果只是想表现着装效果，则不需要工艺细节可以不装拉链）。斜插袋兜布要与前裤片固定，在"属性编辑视窗"中将缝纫线类型改为"合缝"。完成效果如图 5-9 和图 5-10 所示。

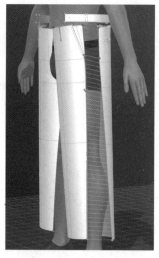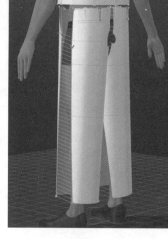

图 5-9　　　　　　　　　　　图 5-10

（3）缝合后挖袋。首先勾勒轮廓，使用"勾勒轮廓"工具将后裤片、兜布上的挖袋基础线及袋唇上的基础线勾勒为内部线，如图 5-11 所示。使用"选择 / 移动"工具在后裤片挖袋上单击鼠标右键，在弹出的快捷菜单中选择"剪切"选项，并删除剪切的版片。

使用"线缝纫"工具对袋唇、后裤片和兜布按照实际制作工艺进行缝纫，如图 5-12 所示。选中袋唇版片在 3D 视窗中单击鼠标右键，在弹出的快捷菜单中选择"移动到外面"选项，对袋唇版片进行安排，如图 5-13 所示，并将袋唇进行剪切并缝纫（可以选择"剪切"选项，也可以为了版片外观效果更加稳定选择"剪切并缝纫"选项）为上、下两个袋唇，把兜布上边缘与后裤腰固定，将缝纫线类型改为"合缝"，完成效果如图 5-14 所示。

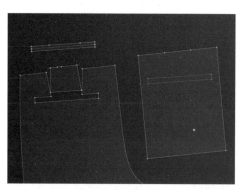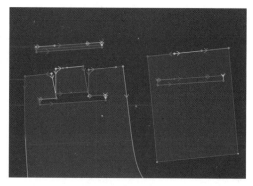

图 5-11　　　　　　　　　　　图 5-12

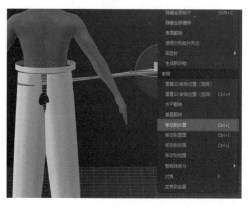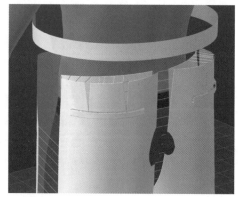

图 5-13　　　　　　　　　　　图 5-14

注意：这里前、后口袋只表现着装效果，因此做法简化了。

（4）缝合门襟。使用"勾勒轮廓"工具将前裤片和门襟上的基础线勾勒为内部线。将门襟、里襟与裤片缝合，注意门襟上平线和前中缝纫线类型要更改为"合缝"，如图 5-15 所示。

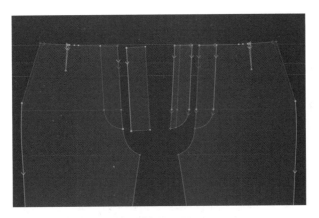

图 5-15

注意：门襟前中心处可以先缝合以便于模拟，待安装拉链时再调整缝纫线长度。

选择"移动到里面"选项，把门襟和里襟安排到裤片里面，如图 5-16 所示。

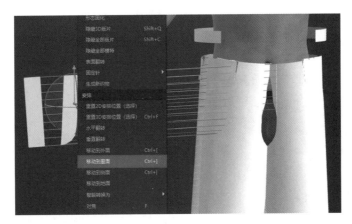

图 5-16

（5）缝合腰头。使用"自由缝纫"工具，将腰头对应裤片、兜布、门襟版片按顺序缝合，缝合时要按 Shift 键，如图 5-17 所示。

注意：省量已经缝合过，不需要再缝合；斜插袋兜布和里襟不要忘记缝合。

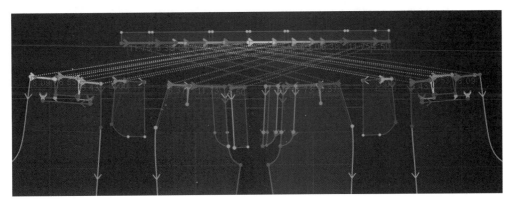

图 5-17

（6）模拟。在 3D 视窗中检查缝纫线无误后，把裤衩版片冷冻，按 Space 键模拟，并将虚拟模特由"A"姿势更换为"I"姿势，如图 5-18 所示。

为了让裤子穿着效果更好，可以先将斜插袋缝合固定；为了让裤子有更好的展示状态，不堆在脚面上，可以单击虚拟模特，在"虚拟模特编辑面板"对话框"虚拟模特尺寸"窗口中将"大腿外长"和"小腿外长"数值加大，如图 5-19 所示，使人体增高，裤子展示效果更好，如图 5-20 所示。

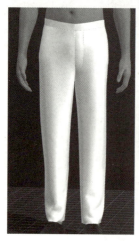
图 5-18

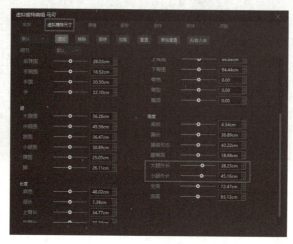
图 5-19

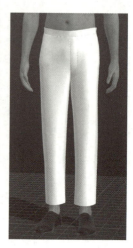
图 5-20

（7）制作扣子扣眼。在"素材"窗口中选择"扣子"和"扣眼"工具，在腰头和后挖袋相应位置绘制扣子和扣眼，使用"系纽扣"工具将纽扣系上，并更改纽扣样式和大小。纽扣材质的"渲染类型"选择"塑料"，做好后效果如图 5-21 和图 5-22 所示。

图 5-21

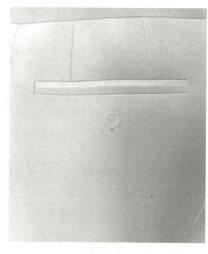
图 5-22

（8）缝合裤衩。

1）使用"自由缝纫"工具，先将裤衩的上边缘对应裤腰的位置进行缝合，如图 5-23 所示，并将缝纫线类型改为"合缝"，如图 5-24 所示。完成效果如图 5-25 所示。

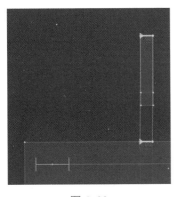
图 5-23

图 5-24

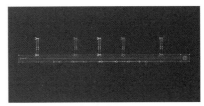
图 5-25

2）选择所有裤衩，在 3D 视窗中单击鼠标右键，在弹出的快捷菜单中选择"移动到外面"选项，如图 5-26 所示。单击鼠标右键，在弹出的快捷菜单中选择"激活"选项，解除失效状态，完成效果如图 5-27 所示。

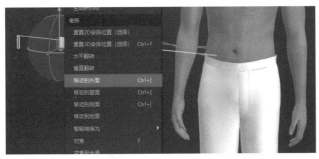
图 5-26

图 5-27

TIP：

1）激活。选择"激活"选项可以解除版片的失效状态。

2）失效。失效分为两种，一种是失效（版片和缝纫线）；另一种是失效（版片）。失效的版片在 3D 视窗中呈现半透明的紫色。紫色的裤衩为失效状态，如图 5-28 所示。单击鼠标右键，在弹出的快捷菜单中选择"激活"选项即可解除失效状态。

①失效（版片和缝纫线）。设置该选项后，服装的版片和缝纫线都不参与模拟和碰撞，完全处于失效状态，与其缝合的版片在参与模拟时不受任何影响。

②失效（版片）。设置该选项后，服装版片不参与模拟和碰撞，但是与其缝合的版片在进行模拟时还会受到该失效版片的影响。

3）冷冻。冷冻的版片在模拟碰撞时不会改变形态，因此该选项通常用来固定已经调整好的服装形态，冷冻的版片在 3D 视窗中呈现浅蓝色。蓝色裤衩为冷冻状态，如图 5-29 所示。单击鼠标右键，在弹出的快捷菜单中选择"解冻"选项即可解除冷冻状态。

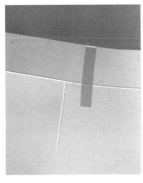
图 5-28

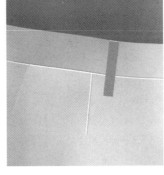
图 5-29

3）使用"勾勒轮廓"工具，把裤衬折叠线和前、后裤子版片上需要缝合的基础线勾勒为内部线，如图 5-30 所示。再使用"折叠安排"工具把裤衬下端向上、向内折叠，如图 5-31 所示。

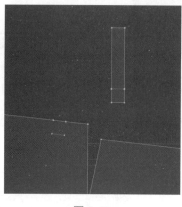
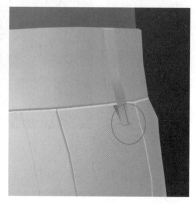

图 5-30   图 5-31

4）使用"线缝纫"和"自由缝纫"工具，把裤衬折叠线与裤片上的对应位置缝合，把裤衬下边缘与腰口对应位置缝合，如图 5-32 所示。将缝纫线类型设置为"合缝"。完成后效果如图 5-33 和图 5-34 所示。

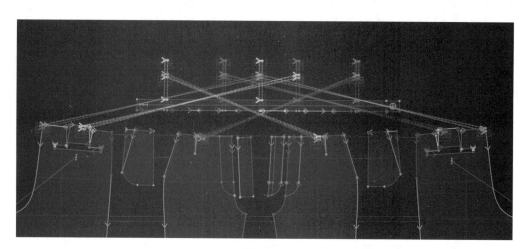

图 5-32

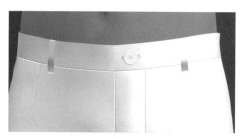
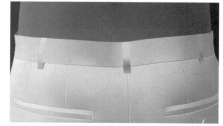

图 5-33   图 5-34

（9）安装拉链。

1）使用"编辑缝纫线"工具将前浪的缝纫线向下调整，再使用"素材"窗口中的"拉链"工具，在前浪和门襟处安装拉链，左边在前浪上单击起点后向下滑动到合适位置，双击，然后在门襟上单击起点，向下滑动到等长时有终点提示，双击结束，2D 视窗中自动生成拉链版片，如图 5-35 所示。3D 视窗中的效果（未模拟）如图 5-36 所示。

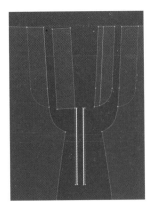
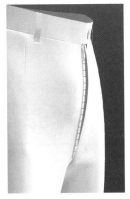

图 5-35　　　　　　　　图 5-36

TIP：

"拉链"工具在 2D 和 3D 视窗中都可以使用。使用方法是依次单击生成拉链的两条线段的起点和终点，单击起点，双击结束。使用"选择 / 移动"工具选中拉链，可以在"属性编辑视窗"中对拉链进行编辑，包括布袋宽度、长度及粒子间距等；也可以单击"编辑拉链样式"按钮，对拉齿、布带、拉头、拉片、拉止进行更多具体的参数设置，包括样式、尺寸、材质和颜色等，如图 5-37～图 5-39 所示。

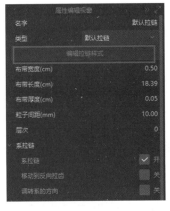

图 5-37　　　　　　　　图 5-38　　　　　　　　图 5-39

2）在非模拟状态下，使用"选中 / 移动"工具选中拉头，通过定位球可以对拉头进行位置和方向等编辑，如图 5-40 所示。按住鼠标左键不松开，向下或向上拖拽拉头，可以使拉链形成半开半合状态，如图 5-41 所示。

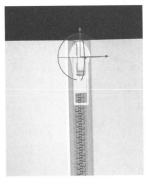

图 5-40　　　　　　　　图 5-41

3）拉链虽然在 2D 和 3D 视窗中都可以操作，但显示效果不同，在 2D 视窗中可以看见生成的拉链版片，如图 5-42 所示。3D 视窗中的拉链是直接缝制在版片上的，未模拟之前由缝纫线连接，如图 5-43 所示。

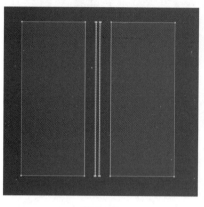 

图 5-42　　　　　　　　　　　　　图 5-43

4）对于裤子门襟处的拉链，在只想显示外观效果不注重工艺的情况下，可以不安装拉链。如果拉链安装完成后下拉止处不服帖或穿模，也可以把下拉止处删除。

5. 细节

（1）粘衬或粘衬条。隐藏虚拟模特，查看所有版片状态。使用"选择 / 移动"工具框选所有版片，将粒子间距设置为 5 mm（根据计算机配置），裤衬和袋唇等小的版片粒子间距可以设置得更小一些。

选择腰头、袋唇、门襟、里襟版片进行粘衬处理（根据实际工艺制作要求）。袋口的位置可以粘衬条。使用"编辑版片"工具选择袋口线段，在"属性编辑视窗"中选择"粘衬条"选项，可以对衬条的宽度和物理属性进行设置。完成后效果如图 5-44 所示。

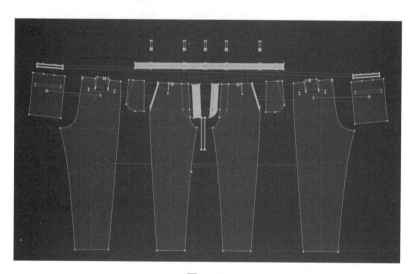

图 5-44

（2）制作前、后裤中线。使用"编辑版片"工具，选中裤子的前、后裤中线，设置折叠角度为 100° 左右（根据实际效果设置折叠角度），在裤中线上单击鼠标右键，在弹出的快捷菜单中选择"生成等距内部线"选项，两侧间距均设置为 0.2 cm，如图 5-45 所示，使裤中线折叠效果更加细腻，如图 5-46 所示。使用同样的方法选中所有裤袢的折叠线，生成 0.2 cm 宽度的等距内部线，如图 5-47 所示，使裤袢折叠效果更加细腻。

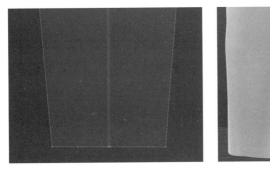

图 5-45　　　　　　　　图 5-46　　　　　　　　图 5-47

（3）添加明线、套结。使用"线段明线"工具，在斜插袋上添加明线，根据需要设置参数。在"明线"窗口中单击"新建"按钮，新建一条默认明线，如图 5-48 所示。选中新建的默认明线，在下面"属性编辑视窗"的"明线库"中选择"套结"类型，如图 5-49 所示。在斜插袋下方、后挖袋两侧和裤袢的上方添加套结，如图 5-50 ～图 5-52 所示。

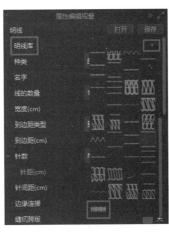

图 5-48　　　　　　　　　　　　　　图 5-49

图 5-50　　　　　　图 5-51　　　　　　图 5-52

（4）双层效果。使用"选择 / 移动"工具选中腰头版片，单击鼠标右键，在弹出的快捷菜单中选择"生成里布层（里侧）"选项，如图 5-53 所示，使腰头生成双层效果，如图 5-54 所示。

选中所有版片，在"属性编辑视窗"中将"额外模拟厚度"改为 0.5 mm，使腰头、门襟、口袋等有多层版片的位置更加服帖。

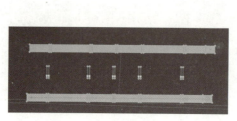

图 5-53   图 5-54

TIP:

1）额外渲染厚度：渲染厚度是指打开"面料显示厚度"选项之后所看到的面料厚度视觉效果。

2）额外模拟厚度：模拟厚度是指服装在模拟时版片之间的冲突碰撞厚度，也可以简单理解为版片之间的空隙或间隔。

5.3.2 男西裤数字面料设置

1. 面料设置

在当前视窗的"织物"窗口中选择"操作"→"打开"选项，如图 5-55 所示，打开已有的裤子面料素材。使用"选中/移动"工具选中所有版片，在打开的裤子面料上单击鼠标右键，在弹出的快捷菜单中选择"应用到选中版片"选项，如图 5-56 所示，裤子应用新的面料，如图 5-57 所示。

图 5-55   图 5-56   图 5-57

2. 色彩设置

（1）明线和套结色彩：在"明线"窗口选中所使用过的明线和套结，将颜色设置为与裤子颜色相同。

（2）纽扣和扣眼色彩：在"纽扣"和"扣眼"视窗，将使用的纽扣和扣眼颜色设置为与裤子颜色相同。纽扣材质属性的"渲染类型"选择"塑料"。

（3）拉链色彩：使用"选择/移动"工具选中拉链，在"属性编辑视窗"中单击"编辑拉链样式"按钮，分别对拉齿、布带、拉头、拉片、拉止进行编辑，设置颜色与裤子颜色相同。拉齿、拉头、拉片、拉止材质属性的"渲染类型"选择"塑料"或"金属"。完成后效果如图 5-58 和图 5-59 所示。

图 5-58   图 5-59

5.3.3　男西裤离线渲染

（1）在 3D 视窗中调整好裤子的位置和角度。

（2）在"工具"菜单中选择"离线渲染"工具，2D 视窗变为"渲染"窗口。单击"同步"按钮，"渲染"窗口内容与 3D 视窗相同，如图 5-60 所示。

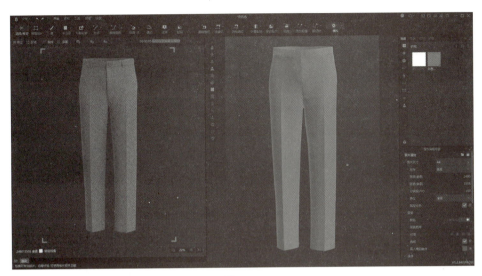

图 5-60

（3）在"离线渲染"窗口，单击"渲染图片属性"按钮，在"属性编辑视窗"中对渲染图片属性进行设置，如图 5-61 所示。单击"灯光属性"按钮，在"属性编辑视窗"中根据需要对灯光进行设置，如图 5-62 所示。

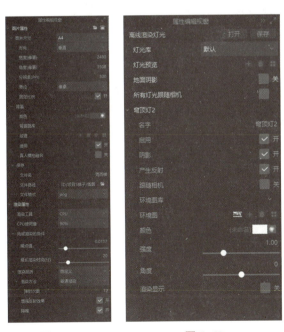

图 5-61　　　　　　　图 5-62

（4）调整好 3D 视窗中裤子的位置和角度后，单击"停止"按钮，再单击"最终"按钮开始渲染，完成裤子的静态展示。

渲染后效果如图 5-63 ～图 5-65 所示。

图 5-63   图 5-64   图 5-65

5.4   素养提升

中国服饰文化——裤子的演变与发展

微课：中国服饰文化——裤子的演变与发展

裤子是人们下身所穿的主要服饰，其演变至今已有很多款式，如直筒裤、喇叭裤、工装裤等。请扫描二维码了解详情，思考和探讨以下问题。

（1）在裤子的演变过程中，每个时期都有什么特点？

（2）裤子的重点设计部位是哪里？

中国男裤专家——九牧王

微课：中国男裤专家——九牧王

九牧王以"领跑中国男裤，成为全球裤王"为品牌愿景，严格把控每一道工序，以匠人之心，精雕细琢每一针。请扫描二维码了解详情，思考和探讨以下问题。

（1）九牧王为什么能够被称为"男裤专家"？它有哪些核心优势？

（2）从九牧王精工匠心、用心缔造专业好品质裤子的态度和坚守中，思考工匠精神对于专业学习和工作的重要性。

5.5   项目思考与实训

5.5.1   项目思考

1. 单项选择题

（1）下列展开对称版片的功能是（   ）。

　　A. 边缘对称　　　　　　B. 生成等距内部线　　　　C. 勾勒轮廓　　　　D. 设为对称轴

（2）下列不属于 3D 视窗"隐藏样式 3D"功能的是（　　　）。

  A. 隐藏 3D 服装的粘衬　　B. 隐藏 3D 服装的固定针

  C. 隐藏 3D 服装的硬化　　D. 隐藏 3D 服装的冷冻

（3）安排裤子门襟版片比较快捷的方法是（　　　）。

  A. 移动到外面　　　　　B. 移动到里面　　　　　C. 移动到侧面　　　　　D. 移动到上面

（4）套结在（　　　）窗口中。

  A."织物"　　　　　　　B."图案"　　　　　　　C."扣眼"　　　　　　　D."明线"

（5）能够改变版片之间冲突碰撞的功能是（　　　）。

  A. 额外模拟厚度　　　　B. 额外渲染厚度　　　　C. 面料厚度　　　　　　D. 粒子间距

2. 判断题

（1）"笔"工具只能在 2D 视窗中使用，不能在 3D 视窗中使用。　　　　　　（　　　）

（2）"失效（版片）"和"失效（版片和缝纫线）"功能是一样的。　　　　　（　　　）

（3）"自由缝纫"可以随便缝，不用管缝纫方向。　　　　　　　　　　　　（　　　）

（4）克隆对称的版片具有联动关系。　　　　　　　　　　　　　　　　　（　　　）

（5）"激活"选项可以解除版片的失效状态。　　　　　　　　　　　　　　（　　　）

5.5.2　项目实训

裤子数字样衣设计与制作（男、女裤不限）。

5.6　项目评价与总结

5.6.1　项目评价

评价项目 与分数	裤子制作基础 （40 分）		裤子模拟 （30 分）		裤子细节与展示 （30 分）	
	版片编辑与安排 （20 分）	版片缝纫 （20 分）	服装形态 （15 分）	褶皱自然 （15 分）	细节 （20 分）	展示效果 （10 分）
教师评价（60%）						
学生互评（20%）						
学生自评（20%）						
总分合计						

5.6.2　项目总结

通过完成此项目，你学到哪些知识和技能？还有哪些不足之处，并准备如何弥补和提升？

 **项目 6**
连衣裙

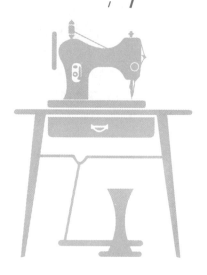

6.1 项目表单

项目名称	连衣裙
项目描述	领部系蝴蝶结，胸部拼接塔克褶，装有四粒纽扣，灯笼袖，腰部橡筋拼接，裙子为风琴褶
项目内容	1. 连衣裙数字样衣缝制作； 2. 连衣裙数字面料设置； 3. 连衣裙细节处理与展示
项目目标	知识目标： 1. 掌握连衣裙数字样衣的缝制方法和工艺流程； 2. 掌握连衣裙数字样衣的面料设置方法； 3. 掌握连衣裙数字样衣的展示方法。 技能目标： 1. 能够使用软件进行连衣裙数字样衣制作； 2. 能够对连衣裙数字样衣进行细节处理； 3. 能够对连衣裙数字样衣进行展示。 素养目标： 1. 了解传统文化，增强学生的民族认同感和归属感； 2. 培养学生对传统文化的尊重和保护意识； 3. 培养学生的跨文化交流能力； 4. 培养学生的观察分析能力，以及耐心和专注精神
项目重点	蝴蝶结制作、褶裥制作
项目难点	不同褶皱之间的区别和制作方法
项目资源	1. 连衣裙版片、面料； 2. 微视频； 3. 网络课程

6.2　项目准备

（1）收集连衣裙款式和流行趋势。

（2）登录泛雅平台，预习网络课程。

（3）课前思考。

1）不同风格连衣裙的常用廓形有哪些？

2）常见的褶裥有哪些？它们在服装设计中是如何应用的？

3）连衣裙常用面料有哪些？它们各有什么特点？

6.3　项目实施

6.3.1　连衣裙数字样衣缝制

微课：连衣裙
制作

6.3.1.1　导入、编辑连衣裙版片

导入连衣裙版片，根据缝纫对应部位重新摆放位置，将缺失的对称版片进行克隆对称版片（版片和缝纫线），将左右对称版片（后衣身领带）中心线设置为对称轴。导入编辑完成的版片如图 6-1 所示。

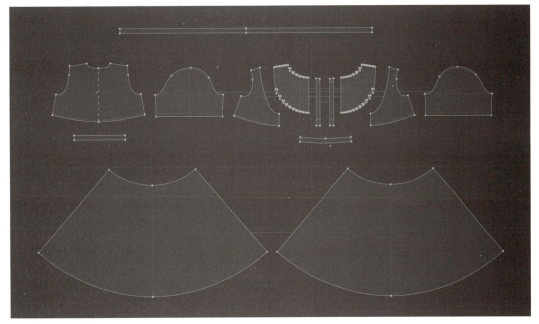

图 6-1

6.3.1.2　安排版片

打开"资源库"，在"模特库"中双击"女模特"文件夹打开女人体，如图 6-2 所示。3D 视窗中显示安排点，如图 6-3 所示。

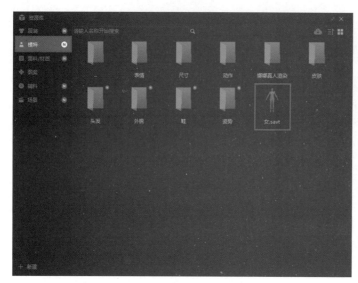
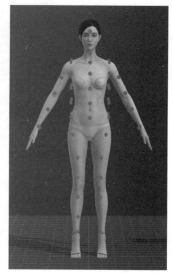

图 6-2　　　　　　　　　　　　　　　　　　图 6-3

　　对应身体上的安排点，将连衣裙版片安排在虚拟模特周围，如图 6-4 所示。

　　注意：下身裙子版片应在"属性编辑视窗"的"安排"区域中，将"图形类型"改为"平面"，以方便观察与模拟，如图 6-5 所示。

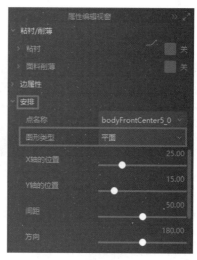

图 6-4　　　　　　　　　　　　　　　　图 6-5

　　领带版片可以先不安排，等制作领带时再安排。

6.3.1.3　缝合版片

1. 制作塔克褶

　　使用"勾勒轮廓"工具将塔克褶版片上的基础线勾勒为内部线，如图 6-6 所示，并对线的折叠角度进行设置，将所有塔克褶的左边第一条线设置为 360°，第二条线设置为 0°，第三条线保持默认的 180°，如图 6-7 所示。

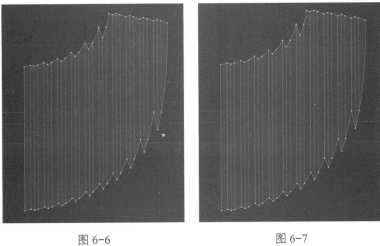

图 6-6　　　　　　　　　　　　　　图 6-7

缝合塔克褶。将褶的对称部位进行缝合，并与版片固定，注意缝纫线类型要选择"合缝"，如图 6-8 和图 6-9 所示。

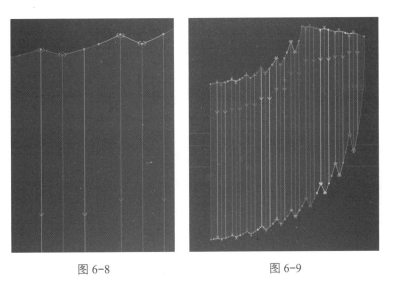

图 6-8　　　　　　　　　　　　　　图 6-9

2. 缝合前衣片

将塔克褶版片与上衣身侧面版片缝合，注意缝合时褶量已经缝合，不要重复缝纫，然后将搭门缝合，完成上衣片缝纫，如图 6-10 所示。3D 效果如图 6-11 所示。

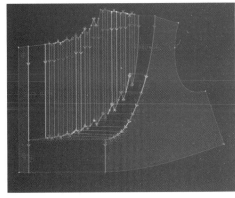 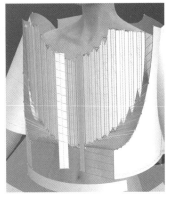

图 6-10　　　　　　　　　　　　　　图 6-11

3. 缝合其他版片

将前、后衣片，袖片，腰带，裙子版片进行缝合，如图 6-12 所示。此款袖子为泡泡袖，缝合袖子时注意对刀。前、后肩线缝合时，注意前肩已经缝合的褶量不要再重复缝纫。

为了更好地钉纽扣和扣眼，可以先将前中心线勾勒为内部线并缝合，待装钉好纽扣和扣眼以后再拆除缝纫线。3D 视窗中的缝合效果如图 6-13 和图 6-14 所示。

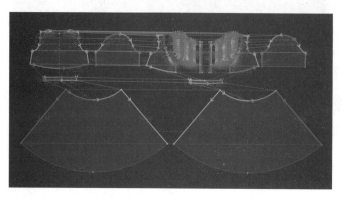

图 6-12

图 6-13   图 6-14

4. 模拟并调整成衣效果

模拟时可以将前衣片进行硬化，如图 6-15 所示。调整塔克褶时可以将与其缝合的版片进行冷冻，如图 6-16 所示。调整好以后再解除冷冻和硬化，并根据计算机配置适当调整粒子间距。使用"编辑版片"工具，选中所有塔克褶线，在"属性编辑视窗"的"折叠"区域开启"折叠渲染"选项，或者在褶线两边生成 0.2 cm 的等距内部线，使折叠效果更加细腻。

图 6-15   图 6-16

调整好后的效果如图 6-17 所示，放大效果如图 6-18 所示。

图 6-17   图 6-18

5. 装钉纽扣

使用"加点"工具在前中心线上设计纽扣和扣眼位置，如图 6-19 所示。装钉纽扣和扣眼并系纽扣，设置纽扣和扣眼的形状与大小，如图 6-20 所示。把前中心线上的缝纫线拆除，完成后效果如图 6-21 所示。

 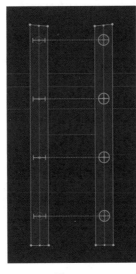 

图 6-19   图 6-20   图 6-21

6. 缝合袖口

使用"长方形"工具绘制袖口贴边版片，宽度为 24 cm，高度为 2 cm，如图 6-22 所示，并克隆对称版片（版片和缝纫线）。使用"勾勒轮廓"工具将袖口基础线勾勒为内部线，然后将袖口与贴边进行缝合，如图 6-23 所示。

选中袖口贴边版片，在 3D 视窗中单击鼠标右键，在弹出的快捷菜单中选择"移动到里面"选项，如图 6-24 所示，然后开启模拟，完成后 3D 视窗中的效果如图 6-25 所示。

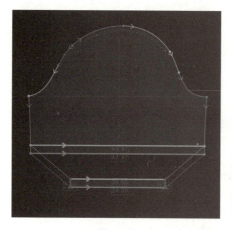

图 6-22   图 6-23

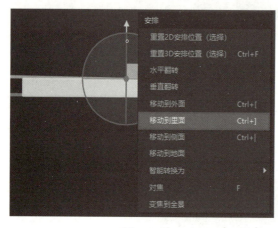

图 6-24   图 6-25

7. 裙子风琴褶制作

使用"编辑版片"工具，在 2D 视窗中选中裙子版片左、右两条轮廓线，然后单击鼠标右键，在弹出的快捷菜单中选择"在线段之间生成内部线段"选项，如图 6-26 所示，设置"扩张数量"为40，如图 6-27 所示。

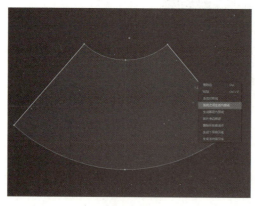
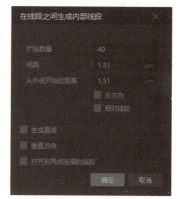

图 6-26   图 6-27

使用"翻折褶裥"工具，在裙子版片左边单击，拖拽鼠标在右边双击，如图 6-28 所示。在弹出的"翻折褶裥"对话框中单击"风琴褶"单选按钮，根据需要设置折叠角度，单击"确定"按钮，如图 6-29 所示。

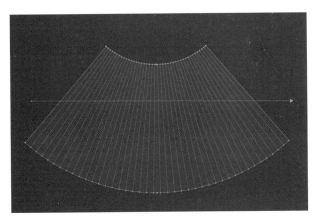
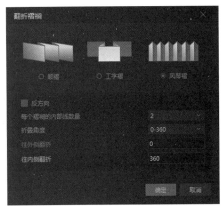

图 6-28　　　　　　　　　　　　　　　　图 6-29

使用"编辑版片"工具，选中所有裙子褶线，如图 6-30 所示。在"属性编辑视窗"的"折叠"区域开启"折叠渲染"选项，然后进行模拟。在模拟的同时单击虚拟模特，在"属性编辑视窗"的"姿势"下拉列表中选择"I"姿势，如图 6-31 所示。

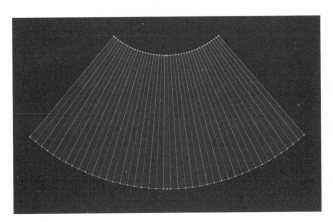

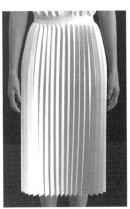

图 6-30　　　　　　　　　　　　　　　　图 6-31

8. 领子制作

（1）安排领子版片。在 3D 视窗中显示安排点，使用"选择 / 移动"工具选中领子版片，因为领子版片比较长，所以可先安排在身体上，如图 6-32 所示，再移动到脖子合适位置，如图 6-33 所示。

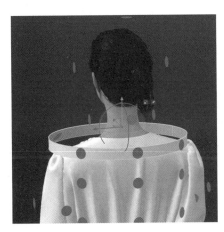
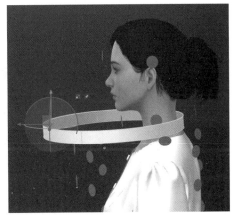

图 6-32　　　　　　　　　　　　　　　　图 6-33

（2）领子与衣身版片缝合。将领子与衣身进行缝合时，注意在缝合前领窝时褶量不要重复缝纫，如图 6-34 所示。3D 缝合状态如图 6-35 所示。

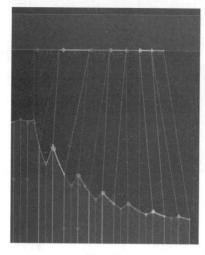 

图 6-34 图 6-35

模拟之前可以将领子版片硬化，将其他所有稳定的版片冷冻，如图 6-36 所示。

（3）蝴蝶结制作。将领子版片上靠近前中的两条基础线勾勒为内部线并缝合，再使用固定针将领子版片向两边拉直，如图 6-37 所示。

图 6-36 图 6-37

使用"编辑版片"工具单击领子内部线，单击鼠标右键，在弹出的快捷菜单中选择"生成等距内部线"选项，设置"间距"为 13 cm，"扩张数量"为 2，单击"反方向"单选按钮，如图 6-38 所示。3D 视窗中的效果如图 6-39 所示。

图 6-38 图 6-39

使用"折叠安排"工具，以生成的内部线为翻折线，对领子进行折叠，完成后效果如图 6-40 所示。

将折叠到前中心的内部线与领子缝合固定。使用"长方形"工具绘制宽度为 2.5 cm、高度为 9 cm 的矩形，并在中间生成间距为 3 cm 的两条内部线。使用"折叠安排"工具将版片进行折叠，并安排到领子前中位置，如图 6-41 所示。

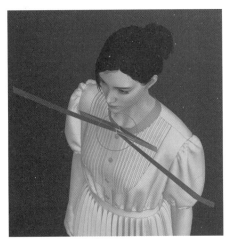

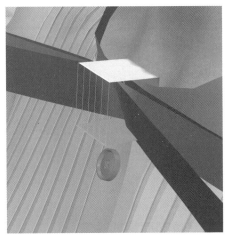

图 6-40   图 6-41

模拟后效果如图 6-42 所示。将该版片内部线删除，尝试缩短版片，使捆绑效果更紧一些。调整领子版片下端长度，并做出斜角效果。删除固定针，模拟后效果如图 6-43 所示。

图 6-42   图 6-43

9. 细节制作

（1）将所有版片解冻，解除硬化，设置粒子间距为 5 mm。

（2）使用"编辑版片"工具，选中袖口线、袖山线、前后衣身底摆线，在"属性编辑视窗"中开启"网格细化"选项，如图 6-44 所示，使褶皱效果更加细腻。

（3）在需要粘衬的版片上粘衬和加衬条。

（4）在胸部、腰部、裙摆处根据设计添加明线，设置明线属性，完成后效果如图 6-45 所示。

图 6-44　　　　　　　　图 6-45

注意：根据明线到边距值的不同设置明线数量，塔克褶到边距为 0。

6.3.2　连衣裙数字面辅料设置

1. 设置面料物理属性

选择"面料"窗口中的"默认面料"，执行"属性编辑视窗"→"物理属性"→"预设"→"真丝"→"电力纺"（根据设计需要选择）命令，如图 6-46 所示。

2. 添加法线贴图

执行"资源库"→"面料 / 材质"→"织物法线图"→"丝"→"雪纺"命令，将法线拖拽至"属性编辑视窗"的"法线贴图"区域（根据设计需要选择），如图 6-47 所示。

图 6-46　　　　　　　　图 6-47

3. 添加面料纹理

在"属性编辑视窗"的"纹理"区域单击"纹理"→"添加"按钮，如图 6-48 所示，打开已经做好的渐变图片素材，如图 6-49 所示。

图 6-48　　　　　　　　　　　　　图 6-49

　　添加纹理以后，将"纹理参数"区域的"宽度"设置为 50 cm，如图 6-50 所示，应用于上衣版片。复制编辑好的默认面料，将"纹理参数"区域的"宽度"设置为 80 cm，应用于裙子版片。继续复制默认面料，更换纹理图片，如图 6-51 所示，将"纹理参数"区域的"宽度"设置为 3.5 cm，应用于腰带版片。

　　复制腰带面料，将面料物理属性设置为"斜纹绸"，更换法线贴图为"丝绸–正面"，"渲染类型"为"丝绸"，应用于领子版片，使领子更具有光泽感。

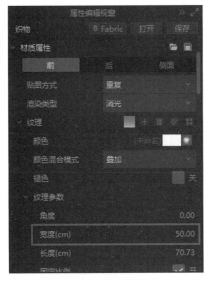

图 6-50　　　　　　　　　　　　　图 6-51

4. 设置纽扣、扣眼、明线颜色

（1）选择纽扣，设置纽扣与服装颜色相同，"渲染类型"为"塑料"。

（2）选择扣眼，设置扣眼与服装颜色相同。

（3）选择明线，设置明线颜色与服装相同。

完成后效果如图 6-52 所示。

图 6-52

6.3.3 连衣裙离线渲染

（1）在"工具"菜单中选择"离线渲染"工具 ，2D 视窗变为"渲染"窗口。单击"同步"按钮，"渲染"窗口内容与 3D 视窗相同，如图 6-53 所示。

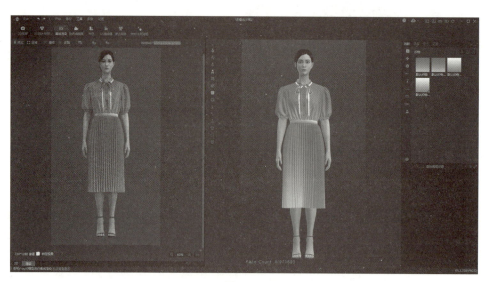

图 6-53

（2）单击"渲染图片属性"和"灯光属性"按钮，根据需要对图片属性和灯光进行设置，如图 6-54 和图 6-55 所示。

图 6-54

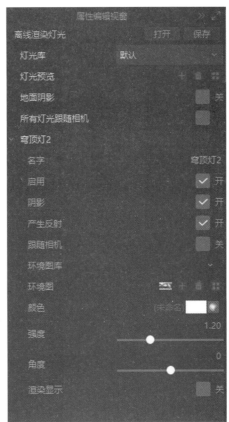
图 6-55

（3）单击"停止"按钮，再单击"最终"按钮开始渲染，完成后效果如图 6-56～图 6-59 所示。

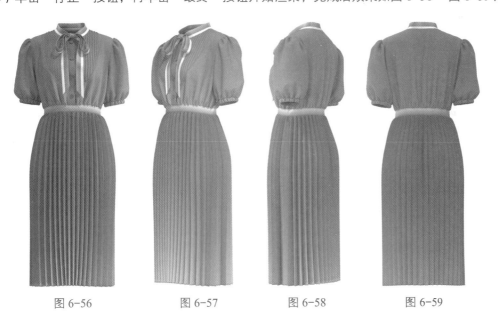

图 6-56　　　　　　　图 6-57　　　　　　　图 6-58　　　　　　　图 6-59

6.4 素养提升

中国服饰文化——马面裙

马面裙，又称马面褶裙，是我国古代女子裙子的基本形制之一。请扫描二维码了解详情，思考和探讨以下问题。

（1）马面裙有什么含义或寓意？

（2）如何将马面裙融入现代的服装设计和搭配？

微课：中国服饰文化——马面裙

国粹华服——旗袍

旗袍，又称祺袍，是我国 20 世纪 20 年代之后女子穿着最普遍的服装。如今，旗袍已经作为一种文化和符号渗入了我们的血液，作为中华民族独有的服饰被国际认可，深受人们的喜爱！请扫描二维码了解详情，思考和探讨以下问题。

（1）旗袍有哪些特点？

（2）旗袍有哪些派别？不同派别的区别是什么？

微课：国粹华服——旗袍

6.5 项目思考与实训

6.5.1 项目思考

（1）Style3D 软件翻折褶裥中有哪些类型的褶裥？

（2）如何使版片折叠效果更加细腻？

（3）"勾勒轮廓"工具对基础线可以进行哪些操作？

（4）如何对版片更换面料？

（5）法线贴图有什么作用？

6.5.2 项目实训

连衣裙数字样衣设计与制作。

6.6　项目评价与总结

6.6.1　项目评价

评价项目与分数	连衣裙制作基础（40分）		连衣裙模拟（30分）		连衣裙细节与展示（30分）	
	版片编辑与安排（20分）	版片缝纫（20分）	服装形态（15分）	褶裥自然（15分）	细节（20分）	展示（10分）
教师评价（60%）						
学生互评（20%）						
学生自评（20%）						
总分合计						

6.6.1　项目总结

通过完成此项目，你学到哪些知识和技能？还有哪些不足之处，并准备如何弥补和提升？

✂ 项目 7
男西装

7.1　项目表单

项目名称	男西装
项目描述	平驳头，前门襟单排两粒扣，圆角下摆，前片左、右各有一个大袋，左前片胸部有一个胸袋，前身收腰省，后中开背缝，后中下摆处有开衩
项目内容	1. 男西装数字样衣缝制； 2. 男西装数字面料设置； 3. 男西装细节处理与展示
项目目标	知识目标： 1. 掌握男西装数字样衣的缝制方法和工艺流程； 2. 掌握男西装数字样衣的面料设置方法； 3. 掌握男西装数字样衣的展示方法。 技能目标： 1. 能够使用软件进行男西装数字样衣缝制； 2. 能够对男西装数字样衣进行面料设置和细节处理； 3. 能够对男西装数字样衣进行展示。 素养目标： 1. 培养学生的礼貌意识和修养，提升自我管理能力； 2. 培养学生注重细节品质，提升职业素养； 3. 培养学生的社会责任意识，激励创新创业精神； 4. 树立榜样力量，培养学生的品牌意识和竞争意识
项目重点	男西装样衣缝制、格子面料应用
项目难点	男西装口袋、垫肩和后开衩制作
项目资源	1. 男西装版片、面料； 2. 微视频； 3. 网络课程

✂

7.2　项目准备

（1）收集男西装款式和流行趋势。

（2）登录泛雅平台，预习网络课程。

（3）课前思考。

1）男西装款式的特点有哪些?

2）男西装工艺流程有哪些?

3）男西装常用面料及特点有哪些?

7.3　项目实施

7.3.1　男西装数字样衣缝制

1.导入版片

执行"文件"→"导入"→"导入 DXF 文件"命令，如图 7-1 所示，导入男西装服装版片，如图 7-2 所示。

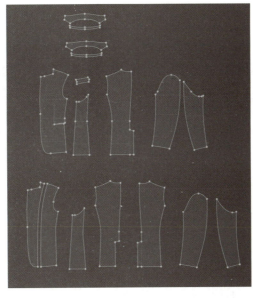

微课：男西装
制作

图 7-1　　　　　　　图 7-2

2.编辑版片

使用"选择 / 移动"工具，选择男西装面料的衣身和袖片，单击鼠标右键，在弹出的快捷菜单中选择"克隆对称版片（版片和缝纫线）"选项。选择里料前衣身、马面和袖片，单击鼠标右键，在弹出的快捷菜单中选择"克隆对称版片（版片和缝纫线）"选项。对所有版片位置进行排列，如图 7-3 所示。

在"资源库"中打开男模特。选中所有版片，在 3D 视窗中单击鼠标右键，在弹出的快捷菜单中选择"重置 2D 安排位置（选择）"选项。

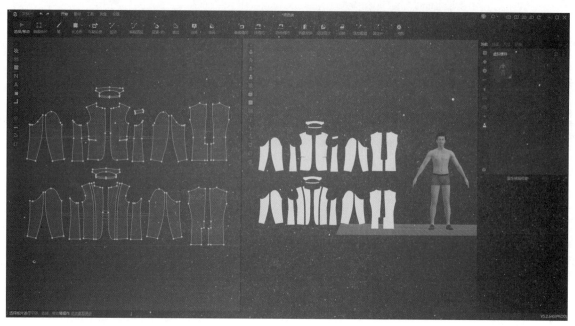

图 7-3

3. 安排里布版片

在 3D 视窗中显示安排点，选择里布前衣身的两个版片，如图 7-4 所示，放到虚拟模特身上的合适位置，单击安排点。因为左、右两边是联动版片，所以两边同时安排，如图 7-5 所示。

图 7-4   图 7-5

后衣片不是联动版片，因此要分别进行安排。单击模特侧面的安排点安排侧衣片。分别单击胳膊外侧和内侧的安排点安排大、小袖片。如果位置不合适或穿模严重可以使用定位球进行调整，稍有穿模现象不会影响模拟和穿着，安排完成的版片如图 7-6 和图 7-7 所示。

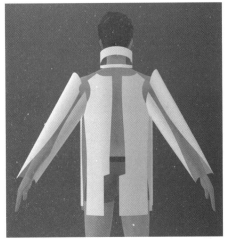

图 7-6 　　　　　　　　　　　　　图 7-7

4. 缝合里布版片

使用"线缝纫"工具和"自由缝纫"工具将里布版片进行缝合，如图 7-8 所示。

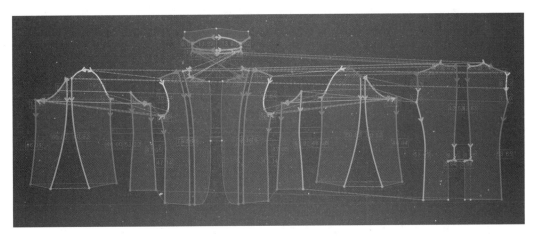

图 7-8

在 3D 视窗中检查缝纫线，如图 7-9 所示，按 Space 键进行模拟，如图 7-10 所示。

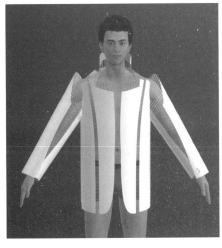
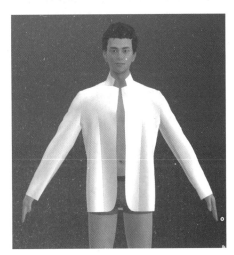

图 7-9 　　　　　　　　　　　　　图 7-10

5. 安排面料版片

选中所有里布版片，在 3D 视窗中单击鼠标右键，在弹出的快捷菜单中选择"冷冻"选项，使里布版片保持当前稳定状态，如图 7-11 所示。

在 3D 视窗中显示安排点，对面料版片进行安排，如图 7-12 所示。手巾袋可以先不安排。面料版片与冷冻的里料版片稍有穿插不影响穿着，模拟时可以调整。

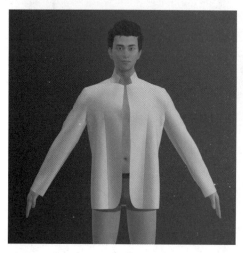

图 7-11   图 7-12

6. 缝合面料版片

（1）制作折边。使用"编辑版片"工具，选中衣片底摆和袖口边线，如图 7-13 所示。单击鼠标右键，在弹出的快捷菜单中选择"版片净边移动"选项，如图 7-14 所示。在"版片净边移动"对话框中设置"距离"为 3 cm，生成内部线，"侧边角度"选择"镜像"（因为折边要向上翻折，所以翻折线上下应该对称），如图 7-15 所示。做好的折边如图 7-16 所示。

图 7-13

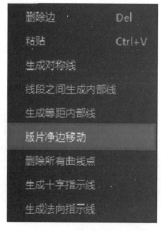

图 7-14   图 7-15

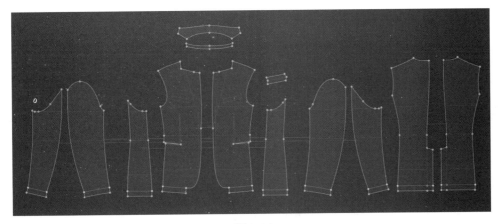

图 7-16

（2）缝合版片。使用"线缝纫"工具和"自由缝纫"工具，按照对位点和西装工艺流程对面料版片进行缝合，如图 7-17 所示。

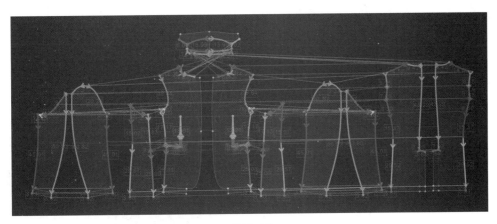

图 7-17

处理前衣片腰省。使用"勾勒轮廓"工具，按 Shift 键选中省边线，单击鼠标右键，在弹出的快捷菜单中选择"剪切"选项，如图 7-18 所示。删除剪下来的多余版片，再对腰省进行缝合，如图 7-19 所示。

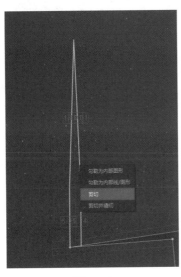

图 7-18

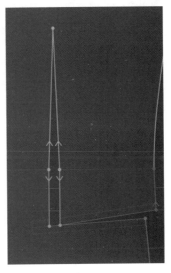

图 7-19

在 3D 视窗中检查缝纫线，如图 7-20 所示，按 Space 键进行模拟，如图 7-21 所示。

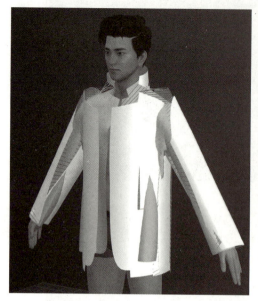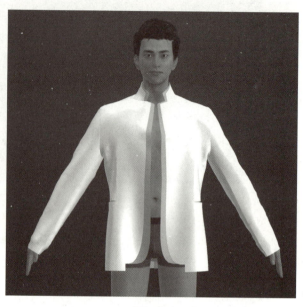

图 7-20   图 7-21

（3）缝合面料和里料版片。使用"线缝纫"工具和"自由缝纫"工具，将面料版片和里料版片的领口、领窝与止口处进行缝合，缝纫线类型选择"合缝"，如图 7-22 和图 7-23 所示。

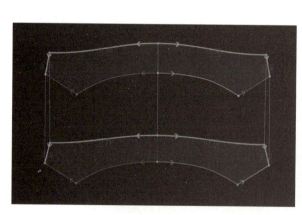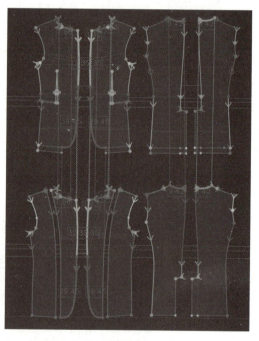

图 7-22   图 7-23

将里料版片解冻，如图 7-24 所示。按 Space 键进行模拟，在模拟状态下把虚拟模特姿势更换为"I"姿势，如图 7-25 所示。粒子间距可以根据计算机配置适当减小，使服装效果看起来更加细腻。

将袖笼底部缝纫线折叠角度改为 360°。

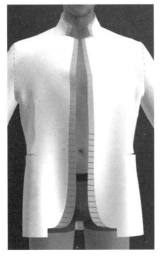

图 7-24   图 7-25

（4）翻折领子与驳头。

1）使用"勾勒轮廓"工具，将面料和里料前衣片驳头处的翻折线勾勒为内部线，并将前衣身与贴边的翻折线进行缝合，将驳头处的面料与里料进行固定，如图 7-26 所示，待服装缝制完成形态稳定后再拆除这条缝纫线。

2）使用"笔"工具 ✏️，在 3D 视窗中的领子版片上，找到与驳头翻折线的对应点，绘制领子的翻折线（"笔"工具可以在 2D 视窗中使用，也可以在 3D 视窗中使用）。绘制完成后在 2D 视窗中使用"编辑圆弧"工具 ✒️ 将领子翻折线调整圆顺，如图 7-27 所示。

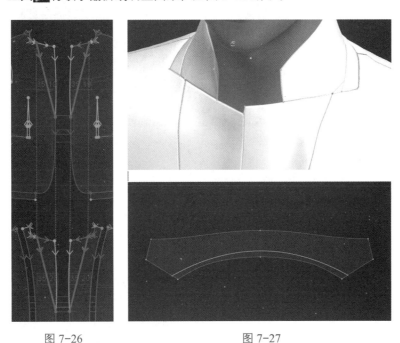

图 7-26   图 7-27

3）使用"折叠安排"工具，将领子和驳头进行折叠翻转，如图 7-28 所示。选中领子和驳头版片进行冷冻，如图 7-29 所示，然后进行模拟。待里面的领子和贴边驳头翻过来以后，将冷冻的版片解冻再模拟，这样领子和驳头就翻折过来了，如图 7-30 所示。

图 7-28 图 7-29 图 7-30

（5）制作纽扣和扣眼。

1）在"素材"窗口中选择"纽扣"工具，在右前衣片前中心线上装钉两颗纽扣，选择这两颗纽扣并单击鼠标右键，在弹出的快捷菜单中选择"设置缝合层数"选项，如图 7-31 所示，将"缝合层数"设置为 2，如图 7-32 所示。

图 7-31 图 7-32

2）选择"扣眼"工具，在左前衣片对应位置绘制扣眼，与纽扣一样，将"缝合层数"设置为 2。如果系完的纽扣位置不合适，可以在"属性编辑视窗"中对"系的位置"进行调整，如图 7-33 和图 7-34 所示。

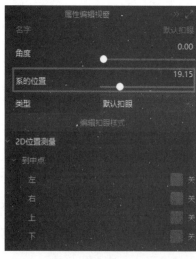
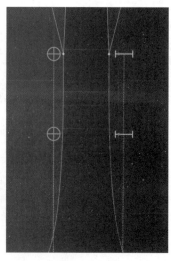

图 7-33 图 7-34

3）在系纽扣之前，要先明确左、右前衣片的层次，右前片在下面，左前片在上面。可以在衣片上打固定针，然后在模拟状态下拖拽固定针来调整衣片，如图 7-35 所示。衣片层次调整完成以后，使用"系纽扣"工具依次单击纽扣和扣眼即可，如图 7-36 所示。

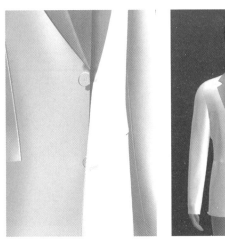

图 7-35　　　　　　　　　　　　图 7-36

TIP:

对于两粒扣西装可以将两颗纽扣都系上，也可以只系上面的纽扣。做好以后使用"选择 / 移动"工具在固定针上单击鼠标右键删除固定针，也可以在场景管理视窗中删除固定针。

（6）制作垫肩。

1）使用"笔"工具在后衣片上绘制垫肩，可以先绘制直线，再使用"编辑圆弧"工具调整为曲线，如图 7-37 所示。使用同样的方法在前衣片上绘制出垫肩形状，如图 7-38 所示。可以在 3D 视窗中观察垫肩在服装上的形态，如图 7-39 所示。为了方便观察，可以将领子版片隐藏，隐藏版片的快捷键是 Shift+Q。

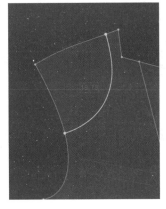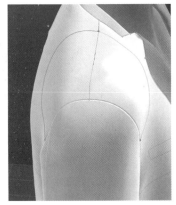

图 7-37　　　　　　　　图 7-38　　　　　　　　图 7-39

TIP:

当服装版片妨碍观看服装形态时，可以将服装版片隐藏。操作方法如下：使用"选择 / 移动"工具选中版片，在 3D 视窗中单击鼠标右键，在弹出的快捷菜单中选择"隐藏 3D 版片"选项，该服装版片被隐藏；在 2D 视窗中选中该版片，按快捷键 Shift+Q，也可以隐藏或显示版片；单击鼠标右键可隐藏全部版片和显示全部版片，快捷键是 Shift+C。

2）使用"选择 / 移动"工具选择前、后衣片，单击鼠标右键，在弹出的快捷菜单中选择"生成里布层（里侧）"选项，如图 7-40 所示；再单击鼠标右键，在弹出的快捷菜单中选择"解除联动"选项，如图 7-41 所示。

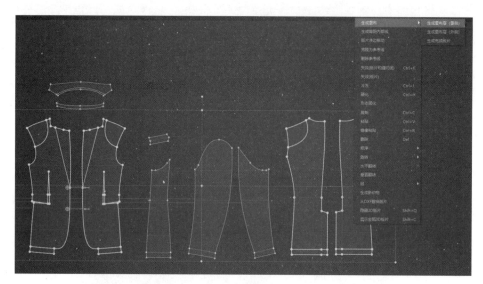

图 7-40

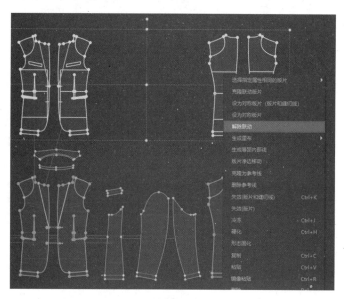

图 7-41

3）使用"编辑版片"工具选择绘制的垫肩曲线，单击鼠标右键，在弹出的快捷菜单中选择"剪切"或"剪切并缝纫"选项，如图 7-42 所示，然后保留垫肩删除其余版片，如图 7-43 所示。为了保证垫肩的稳定性，可以先保留缝纫线，待确认没有问题后再删除缝纫线。

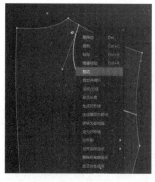

图 7-42

图 7-43

TIP：

1）剪切。剪切是将所选中线段断开，如果线段两端点在外轮廓线上，就会延剪切线将版片断开为两个版片，并保留模拟生成的形态。

2）剪切并缝纫。剪切并缝纫是指剪切断开的两个版片在断开的同时自动缝纫。

按 Space 键模拟后会发现垫肩在里布版片的里面，如图 7-44 所示。

4）使用"选择 / 移动"工具选中里布前、后版片，在"属性编辑视窗"中将"层"改为"-1"，然后进行模拟，将垫肩调整到面料版片和里料版片中间，如图 7-45 所示（该图所示为隐藏面料版片效果）。模拟稳定以后，再将"-1"层改回为"0"层。

为了能够看清楚和方便调整垫肩的形态，可以隐藏面料的前、后衣片，将垫肩更换面料和色彩。

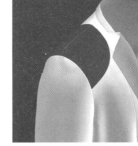

图 7-44　　　　　　　　　　图 7-45

TIP：

通过层可以设置版片之间的层次关系，即版片的里外关系，默认数值为"0"。要把版片向外移动，就要增大数值，如 1，2，…；要将版片向里移动就要缩小数值，如 -1，-2，…。当版片层次值被更改时，3D 视窗中的服装版片会呈现绿色，如图 7-46 中的垫肩版片。模拟稳定后需要把层次值改回"0"。

5）使用"编辑版片"工具，按 Shift 键选中前、后垫肩的肩缝线，单击鼠标右键，在弹出的快捷菜单中选择"合并"选项，如图 7-47 所示，将前、后垫肩合并为一个完整垫肩，如图 7-48 所示。

图 7-46

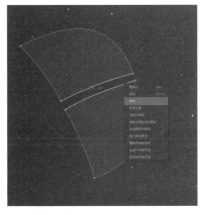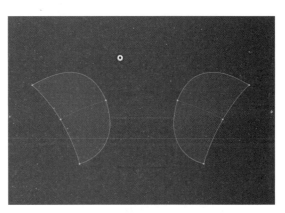

图 7-47　　　　　　　　　　图 7-48

为了使垫肩位置稳定，选中垫肩面料，在"属性编辑视窗"中把"静摩擦系数"增大，如图 7-49 所示，然后将垫肩缝纫线删除，再隐藏袖片，效果如图 7-50 所示。

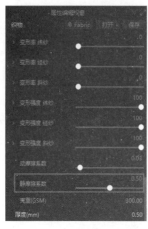

图 7-49　　　　　　　　　　　　　　　　图 7-50

6）使用"编辑版片"工具，选中垫肩靠近肩颈部位的弧线，单击鼠标右键，在弹出的快捷菜单中选择"生成等距内部线"选项，在弹出的"内部线间距"对话框中将"间距"设置为 2 cm，单击"默认方向"单选按钮，如图 7-51 所示。选中生成的内部线，单击鼠标右键，在弹出的快捷菜单中选择"剪切并缝纫"选项，如图 7-52 所示。

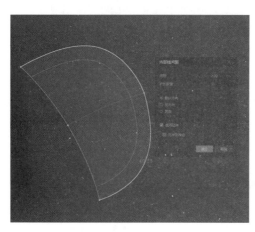
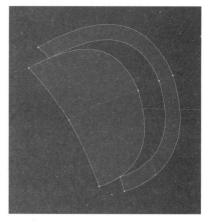

图 7-51　　　　　　　　　　　　　　　　图 7-52

7）使用"编辑版片"工具，选中垫肩另一侧弧线，单击鼠标右键，在弹出的快捷菜单中选择"生成等距内部线"选项，在弹出的"内部线间距"对话框中将"间距"设置为 2.53 cm（根据垫肩大小设置），"扩张数量"设置为 3，单击"默认方向"单选按钮，如图 7-53 所示。选中生成的内部线，单击鼠标右键，在弹出的快捷菜单中选择"剪切并缝纫"选项，如图 7-54 所示。

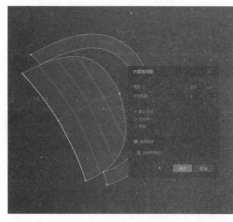
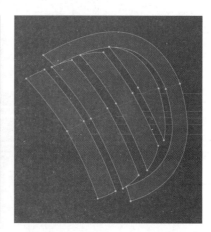

图 7-53　　　　　　　　　　　　　　　　图 7-54

选择垫肩版片，从肩端点至肩颈点方向，依次设置版片"额外模拟厚度"为 10 mm、8 mm、6 mm、4 mm、2 mm。如图 7-55 ～图 7-58 所示。做好以后模拟效果如图 7-59 所示。

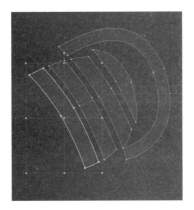

图 7-55　　　　　　　　　　　　　图 7-56

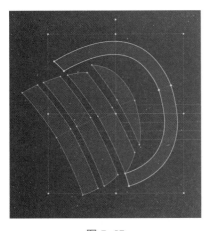

图 7-57　　　　　　　　图 7-58　　　　　　　　图 7-59

8）使用"编辑版片"工具选中垫肩外边轮廓线，单击鼠标右键，在弹出的快捷菜单中选择"版片净边移动"选项，在弹出的"版片净边移动"对话框中设置"距离"为 2 cm，如图 7-60 所示。使用"编辑缝纫线"工具，调整缝纫线。完成后效果如图 7-61 所示。

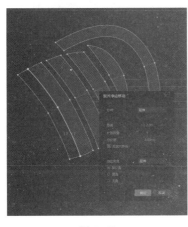

图 7-60　　　　　　　　　　　　图 7-61

显示袖子版片，观察垫肩效果，如图 7-62 所示，肩端点处垫肩高度不够。使用"编辑版片"工具，对靠近肩端点处的版片进行等距内部线处理，间距和数量根据需要进行设置，如图 7-63 所示。

 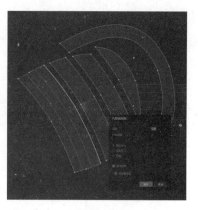

图 7-62　　　　　　　　　　　　图 7-63

9）使用"编辑版片"工具选中生成的等距内部线，单击鼠标右键，在弹出的快捷菜单中选择"剪切并缝纫"选项，如图 7-64 所示。可以在 3D 视窗中单击"面料透明"按钮，观察垫肩效果；如果想看得更清楚，还可以隐藏服装前片版片，如图 7-65 所示。

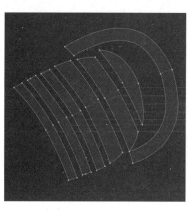 

图 7-64　　　　　　　　　　　　图 7-65

10）使用"生成圆顺曲线"工具将肩端点处垫肩的角变圆顺，如图 7-66 所示。从肩端点至肩颈点方向，根据垫肩效果依次调整垫肩版片的"额外模拟厚度"，直到满意为止，如图 7-67 所示。

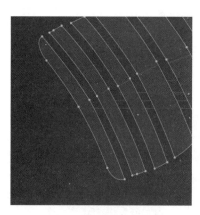 

图 7-66　　　　　　　　　　　　图 7-67

（7）制作弹袖条。

1）使用"编辑版片"工具，按住 Shift 键选中衣身版片袖笼一周测量出长度（本案例中袖笼一周长度是 52.85 cm），如图 7-68 所示。使用"长方形"工具██在 2D 视窗中单击，在弹出的"制作矩形"对话框中设置"宽度"为 52.85 cm，"高度"为 1 cm，绘制弹袖条版片，如图 7-69 所示，并设置"粒子间距"为 5 mm。

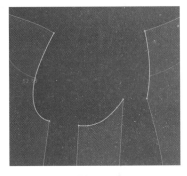 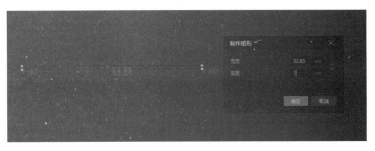

图 7-68   图 7-69

2）使用"自由缝纫"工具先将袖笼底部没有吃势的地方缝合，再将剩下的部位缝合，将缝纫线类型改为"合缝"。具体缝纫方法如图 7-70 所示。将做好的弹袖条选中，单击鼠标右键，在弹出的快捷菜单中选择"克隆对称版片（版片和缝纫线）"选项，完成另一边的弹袖条制作。

3）选中弹袖条版片，在 3D 视窗中单击鼠标右键，在弹出的快捷菜单中选择"移动到里面"选项，如图 7-71 所示。

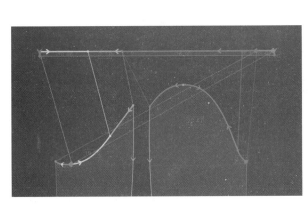 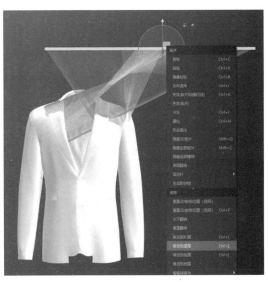

图 7-70   图 7-71

4）模拟完成后的弹袖条如图 7-72 所示（为了使读者能够看清楚，设置为紫色）。弹袖条做好以后就可以对弹袖条版片设置额外模拟厚度，以此调整袖山扣势，如图 7-73 所示。

图 7-72   图 7-73

（8）缝合后衩、衣摆、袖口。

1）选中面料后衣片解除联动。调整完层次后，使用"勾勒轮廓"工具将左后衣片开衩折叠线勾勒为内部线并对齐到净边，如图 7-74 所示；再使用"折叠安排"工具，在 3D 视窗中将后开衩向里折叠，如图 7-75 所示。

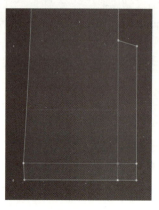 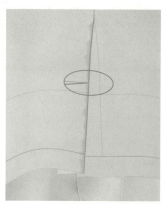

图 7-74　　　　　　　　　　图 7-75

2）使用"加点"工具在左后衣片开衩处以折叠线为起点向上 3 cm 处加点，如图 7-76 所示；再使用"笔"工具将该点与折叠线交点进行连线，如图 7-77 所示。

图 7-76　　　　　　　　　　图 7-77

3）使用同样的方法，在衣摆线上离开衩折叠线 3.5 cm 处加点，并与折叠线交点连线，如图 7-78 所示。使用"编辑版片"工具选中刚刚绘制的两条线，单击鼠标右键，在弹出的快捷菜单中选择"剪切"选项，并将剪切下来的版片删除，效果如图 7-79 所示。

图 7-78　　　　　　　　　　图 7-79

在后衩折叠线两边各生成两条等距内部线，两侧间距均为 0.2 cm，如图 7-80 所示，并将中间的 3 条线折叠角度改为 120°，使折叠效果更加细腻。放大效果如图 7-81 所示。

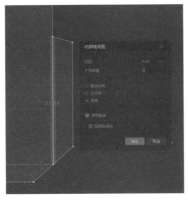

图 7-80　　　　　　　　　　　　图 7-81

4）使用"折叠安排"工具，在 3D 视窗中将衣身底摆折边向里折叠，如图 7-82 所示。在衣摆折叠线两边各生成两条等距内部线，间距为 0.2 cm，中间三条内部线设置折叠角度为 120°，使折叠效果更加细腻。将里料版片和面料分开，如图 7-83 所示。

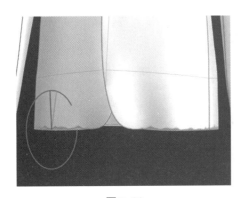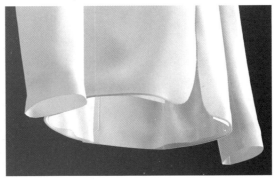

图 7-82　　　　　　　　　　　　图 7-83

5）使用"编辑版片"工具选中里布衣身版片下摆线，单击鼠标右键，在弹出的快捷菜单中选择"生成等距内部线"选项，设置间距为 1.5 cm，数量为 1，单击"默认方向"单选按钮。做出向上折边的量，形成里布版片的坐势，如图 7-84 所示。

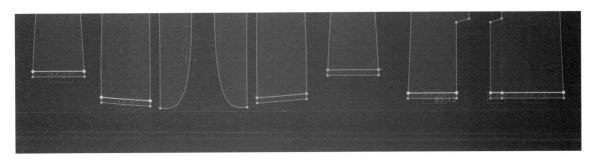

图 7-84

6）使用"折叠安排"工具，把里布版片向上折叠，与面料版片折叠方向对应。为了方便折叠且效果更好，可以将里布版片硬化，如图 7-85 所示，做好以后再解除硬化。

7）使用"缝纫"工具，将衣身的面料版片与里料版片的后衩和下摆进行缝合，注意更改缝纫线类型。后开衩里面效果如图 7-86 和图 7-87 所示。

袖口做法与衣身底摆相同。为了使服装形态稳定，后开衩可以先用缝纫线固定，待全部完成后将面料静摩擦力加大，再将缝纫线删除。

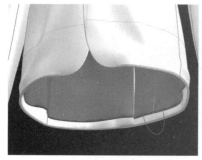

图 7-85   图 7-86   图 7-87

（9）制作胸袋。

1）使用"勾勒轮廓"工具，将衣身胸袋基础线、胸袋版片折叠线勾勒为内部线，如图 7-88 所示。使用"缝纫"工具将胸袋版片的两侧和下面与衣身缝合。选择胸袋版片，单击鼠标右键，在弹出的快捷菜单中选择"移动到外面"选项。

2）使用"折叠安排"工具将胸袋向内折叠，如图 7-89 所示。

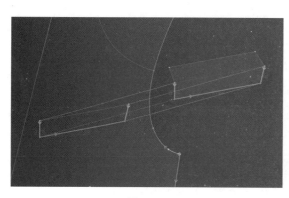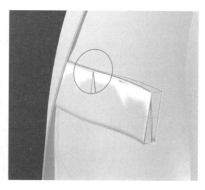

图 7-88   图 7-89

3）将胸袋版片左右和上下缝合，将缝纫线类型改为"合缝"，折叠处生成等距内部线，两侧间距均为 0.1 cm，单击"延伸到净边"单选按钮。将中间 3 条折叠角度设置为 120°，使折叠效果更细腻，如图 7-90 所示。

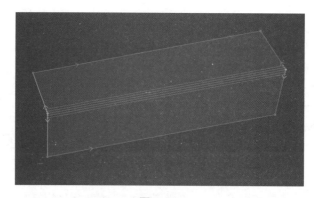

图 7-90

4）胸袋可以做封口，封口时注意衣身上的线要与胸袋版片折叠线下面的内部线缝合，如图 7-91 所示，并将该缝纫线的法线贴图删除，如图 7-92 所示，完成后效果如图 7-93 所示。

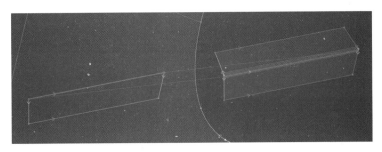

图 7-91

图 7-92

图 7-93

（10）制作大袋。

1）使用"勾勒轮廓"工具，将衣身上大袋基础线勾勒为内部线，再单击鼠标右键，在弹出的快捷菜单中选择"剪切"选项，将剪切下的版片删除。在袋口四周生成等距内部线，间距为 0.2 cm，单击"默认方向"和"延伸到净边"单选按钮。完成后效果如图 7-94 所示。

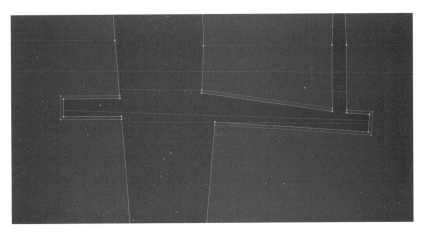

图 7-94

2）使用"编辑版片"工具测量袋口尺寸（本案例中袋口宽度为 14.86 cm，高度为 1.2 cm），使用"长方形"工具按照该尺寸绘制版片，如图 7-95 所示，设置粒子间距为 5 mm，额外模拟厚度为 0.5 mm。

3）使用"编辑版片"工具选择该版片轮廓线，单击鼠标右键，在弹出的快捷菜单中选择"版片净边移动"选项，将距离设置为 0.2 cm。使用"缝纫"工具与衣身袋口等距 0.2 cm 的内部线缝合并硬化，如图 7-96 所示。

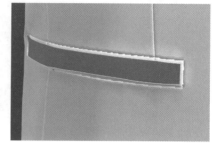

图 7-95   图 7-96

①绘制袋唇：使用"长方形"工具绘制宽度为 14.86 cm、高度为 1.2 cm 的袋唇版片，将粒子间距设置为 5 mm，在中间绘制中线，如图 7-97 所示。将袋唇版片与衣片袋口净边缝合，使用"编辑版片"工具，在袋唇版片中线上单击鼠标右键，在弹出的快捷菜单中选择"剪切并缝纫"选项。完成后效果如图 7-98 所示。

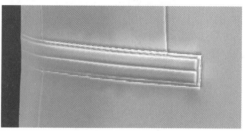

图 7-97   图 7-98

②绘制袋盖：使用"长方形"工具并单击，弹出"制作矩形"对话框，绘制宽度为 14.86 cm、高度为 5.5 cm 的矩形，再使用"生成圆顺曲线"功能，在拖拽下面角点的同时单击鼠标右键，在弹出的对话框中设置线段 1 和线段 2 都为 1 cm。

上边线生成 0.6 cm 的等距内部线，完成的袋盖如图 7-99 所示。

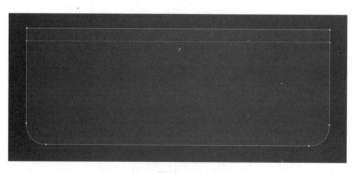

图 7-99

将上袋唇向外移动并使版片与缝纫线失效。使用"缝纫"工具将袋盖与衣身缝合，如图 7-100 所示，再激活上袋唇，重新将上袋唇与袋盖缝合，并应注意缝纫线类型为"合缝"，完成后效果如图 7-101 所示。

TIP：

所有左右对称的版片可以只做一边，另一边使用"克隆对称版片（版片

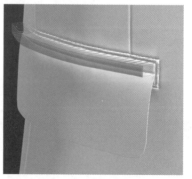

图 7-100   图 7-101

和缝纫线)"选项即可。

对于对称的版片,当在 3D 视窗中调整好一边的形态后,另一边使用对称版片形态功能就可以使两边形态相同,无须重复调整。

4)使用"编辑缝纫线"工具选中所有缝纫线,在"属性编辑视窗"中调整"法线贴图强度"为 0.5,"厚度"为 0.05 cm,如图 7-102 所示,使效果更加美观,完成后效果如图 7-103 所示。

最后根据需要添加粘衬和明线。

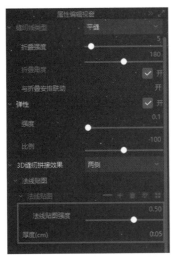

图 7-102   图 7-103

7.3.2 男西装数字面料设置

1. 面料设置

在"资源库"或自己的文件夹中打开需要的格子面料。使用"选中 / 移动"工具选中所有面料版片和贴边版片,在打开的格子面料上单击鼠标右键,在弹出的快捷菜单中选择"应用到选中版片"选项,男西装被应用新的面料。

在"资源库"或自己的文件夹中打开需要的涤纶色丁面料,选中所有里料版片,在涤纶色丁面料上单击鼠标右键,在弹出的快捷菜单中选择"应用到选中版片"选项,男西装被应用新的里料。完成后效果如图 7-104 所示。

2. 色彩、面料对格设置

(1)纽扣和扣眼色彩:在"纽扣"和"扣眼"窗口中将使用的纽扣和扣眼颜色设置为与西装颜色搭配。纽扣材质属性的"渲染类型"选择"塑料"。

图 7-104

(2)明线色彩:在"明线"窗口中选中使用过的明线,将颜色设置为与西装颜色搭配。

(3)对格:使用"编辑纹理"工具,对西装面料进行对格,该工具的使用技巧可以参照前面的女衬衫案例。

男西装对格的主要部位是前、后衣身,袖子,后面领子对后衣身,格子居中,胸袋和大袋对前衣身。完成后效果如图 7-105 和图 7-106 所示。

图 7-105 图 7-106

7.3.3 男西装离线渲染

在 3D 视窗中调整好西装的位置和角度。

（1）在"工具"菜单中选择"离线渲染"工具，2D 视窗变为"渲染"窗口。单击"同步"按钮，"渲染"窗口内容与 3D 视窗相同，如图 7-107 所示。

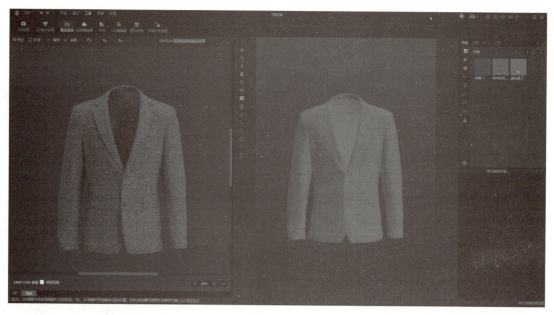

图 7-107

（2）在"渲染"窗口中单击"渲染图片属性"按钮对渲染图片属性进行设置，如图 7-108 所示。单击"灯光属性"按钮，根据需要对渲染灯光进行设置，如图 7-109 所示。

图 7-108   图 7-109

单击"停止"按钮，再单击"最终"按钮开始渲染，完成后效果如图 7-110 ～图 7-113 所示。

图 7-110   图 7-111   图 7-112   图 7-113

7.4 素养提升

着装礼仪——西装的穿衣原则

西装是男士的正装和礼服。在大多社交活动中，男士通常都会穿西装。那么西装应该如何搭配，在穿着时都有哪些讲究呢？请扫描二维码了解详情，思考和探讨以下问题。

（1）西装的穿衣原则有哪些？

（2）女士礼服有哪些？穿着时应注意什么？

着装礼仪——
西装的穿衣原则

专注西服制造 铸就大国品牌——报喜鸟

报喜鸟是一家以服装为主业，涉足投资领域的股份制企业，秉承"弘扬服饰文化，妆点美好生活"的企业使命，位列中国服装行业百强企业。请扫描二维码了解详情，思考和探讨以下问题。

微课：专注西服制造 铸就大国品牌——报喜鸟

（1）报喜鸟旗下品牌有哪些？它们分别有什么特点？

（2）你还知道哪些国内的西装品牌？

7.5　项目思考与实训

7.5.1　项目思考

（1）在 3D 视窗中改变服装版片里外关系比较快捷的方法是什么？

（2）如何对袋盖版片进行快速安排？

（3）在 Style3D 软件中如何对格子面料进行对格？

（4）缝纫线类型有哪些？

（5）隐藏 3D 视窗版片的方法有哪些？

7.5.2　项目实训

男西装数字样衣设计与制作。

7.6　项目评价与总结

7.6.1　项目评价

评价项目与分数	男西装制作基础（40分）		男西装模拟（30分）		男西装细节与展示（30分）	
	版片编辑与安排（20分）	版片缝纫（20分）	服装形态（15分）	服装工艺（15分）	细节（20分）	展示（10分）
教师评价（60%）						
学生互评（20%）						
学生自评（20%）						
总分合计						

7.6.2　项目总结

通过完成此项目，你学到哪些知识和技能？还有哪些不足之处，并准备如何弥补和提升？

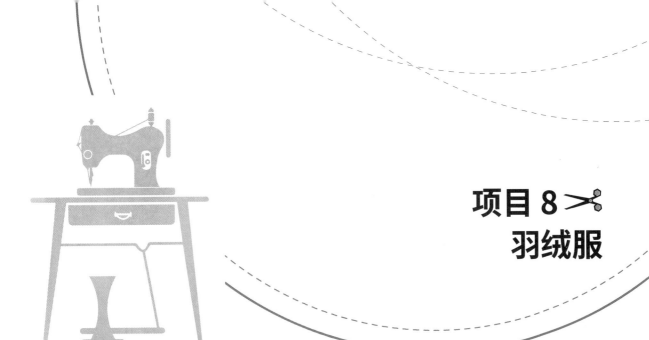

项目 8 ✂
羽绒服

8.1 项目表单

项目名称	羽绒服
项目描述	男士短款连帽羽绒服，前中装有拉链，衣摆和袖口处为罗纹，前衣片左、右各有一个斜插袋，帽子上装有四合扣
项目内容	1. 羽绒服数字样衣缝制； 2. 羽绒服数字样衣面料设置； 3. 羽绒服样衣细节处理与展示
项目目标	知识目标： 1. 掌握羽绒服数字样衣的缝制流程； 2. 掌握羽绒服数字样衣的缝制方法； 3. 掌握羽绒服数字样衣的面料设置方法； 4. 掌握羽绒服数字样衣的展示方法。 技能目标： 1. 能够使用软件进行羽绒服数字样衣缝制； 2. 能够对羽绒服数字样衣进行面料设置和细节处理； 3. 能够对羽绒服数字样衣进行展示。 素养目标： 1. 培养学生重视产品质量和行业标准，增强环保意识； 2. 了解特殊材料及工艺，提升专业素养； 3. 培养学生勇敢坚毅的品质和感恩意识； 4. 培养学生的历史责任感和爱国主义情怀
项目重点	羽绒服建模
项目难点	羽绒服的膨胀效果表现和细节处理
项目资源	1. 羽绒服版片、面料； 2. 微视频； 3. 网络课程

8.2　项目准备

（1）收集羽绒服款式和流行趋势。

（2）登录泛雅平台，预习网络课程。

（3）课前思考。

1）男、女羽绒服款式特点有哪些?

2）羽绒服常用面料及特点有哪些?

3）羽绒服的填充物通常是什么材质? 羽绒服的含绒量和克重是什么意思?

8.3　项目实施

8.3.1　羽绒服数字样衣缝制

1. 版片导入与编辑

执行"文件"→"导入"→"导入 DXF 文件"（导入已有羽绒服版片文件）命令。使用"编辑版片"工具在需要展开的版片对称轴上单击鼠标右键，使用"边缘对称"功能将版片对称展开。使用"选择 / 移动"工具，将需要对称的版片进行"克隆版片（版片和缝纫线）"，把羽绒服版片补充完整，并放到合适位置。完成后效果如图 8-1 所示。

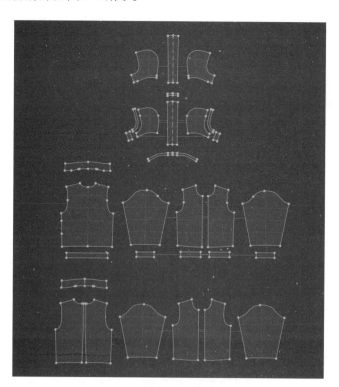

微课：羽绒服
制作

图 8-1

2. 安排里料版片

打开男人体模特，如图 8-2 所示，显示安排点，将羽绒服里料版片安排在虚拟模特上，如图 8-3 所示。

图 8-2　　　　　　　　　　　　　　　　图 8-3

3. 缝合里料版片

缝合里料衣身、袖片和领子版片，缝合完成的 2D 效果如图 8-4 所示，缝合完成的 3D 效果如图 8-5 所示。后中缝处有褶裥，使用"勾勒轮廓"工具把左后衣片上的基础线勾勒为内部线，使用"折叠安排"工具将褶裥向内折叠，然后将褶裥缝合，注意缝纫类型为"合缝"。缝合后效果如图 8-6 所示。

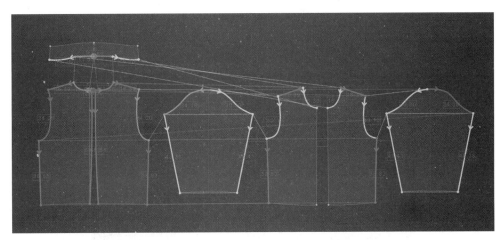

图 8-4

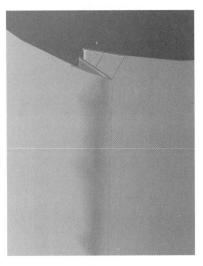

图 8-5　　　　　　　　　　　　　　　　图 8-6

4. 模拟

为了更好地展示袖子效果，可以在"虚拟模特编辑"对话框中将手臂长度加大（也可以选择加长上臂和前臂），如图 8-7 所示。模拟效果如图 8-8 所示。

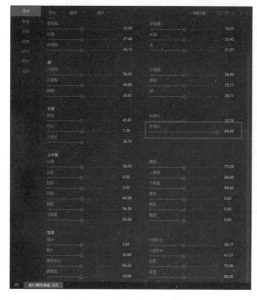

图 8-7   图 8-8

5. 安排面料版片

可以将已经模拟稳定的里料版片冷冻，然后显示安排点，对面料版片进行安排。安排后效果如图 8-9 所示。

图 8-9

6. 缝合面料版片

将面料衣身版片、袖子版片和领子版片进行缝合，2D 视窗中的效果如图 8-10 所示，3D 视窗中的效果如图 8-11 所示，然后模拟，如图 8-12 所示。模拟稳定后，将里料版片解冻。

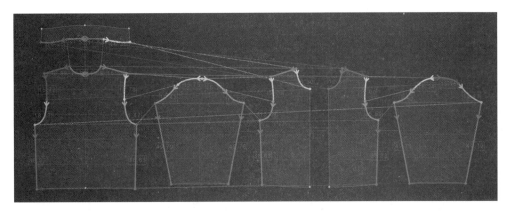

图 8-10

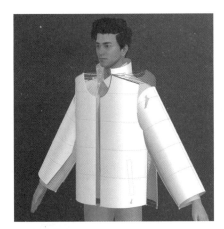

图 8-11

图 8-12

7. 缝合面料和里料版片

将面料和里料版片领子外轮廓线、前后领窝、门襟止口、下摆和袖口位置进行缝合，并设置缝纫类型为"合缝"。2D 视窗中的缝纫效果如图 8-13 所示。

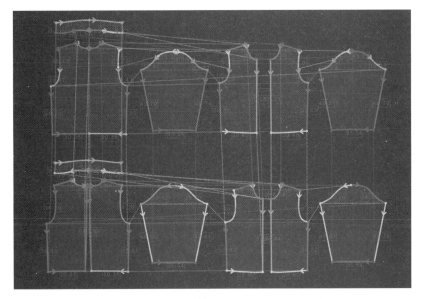

图 8-13

将面料和里料版片进行缝合，3D 视窗中的效果如图 8-14 所示，模拟后效果如图 8-15 所示。

图 8-14 图 8-15

8. 缝合底摆和袖口罗纹版片

将底摆罗纹与衣身缝合，将袖口罗纹与袖子缝合，2D 视窗中的缝合效果如图 8-16 所示。安排好版片后进行模拟，效果如图 8-17 所示。

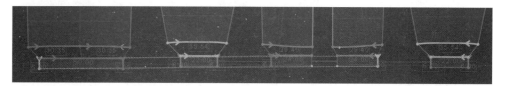

图 8-16

图 8-17

制作罗纹双层效果。在 2D 视窗中使用"编辑版片"工具，选择衣摆和袖口罗纹版片下平线，单击鼠标右键，在弹出的快捷菜单中选择"版片净边移动"选项，设置"距离"为 6 cm，勾选"生成内部线"复选框，如图 8-18 所示。完成后效果如图 8-19 所示。

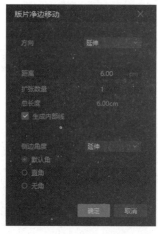 

图 8-18 图 8-19

在 3D 视窗中使用"折叠安排"工具，将衣摆和袖口罗纹向内、向上翻折，如图 8-20 所示。使用"缝纫"工具将罗纹上下缝合固定，缝纫线类型为"合缝"。注意：罗纹前中心处也要进行缝合，如图 8-21 所示。

TIP：

为了使罗纹翻折处效果更加细腻，可在翻折线两边生成间距为 0.2 cm 的等距内部线。完成后效果如图 8-22 所示。

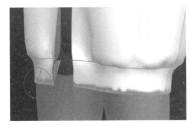  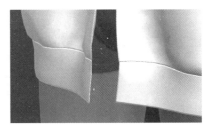

图 8-20   图 8-21   图 8-22

9. 拉链制作

在"素材"菜单中选择"拉链"工具，在 3D 视窗中（也可以在 2D 视窗中）从右边领角处单击起点，向下滑动至右边罗纹底端，双击结束；再从左边领角处单击起点，向下滑动至左边罗纹底端，双击结束。效果如图 8-23 所示。模拟后效果如图 8-24 所示。

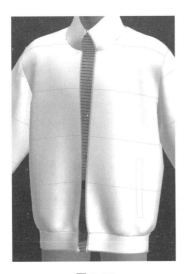 

图 8-23   图 8-24

TIP：

选中拉链时，在"属性编辑视窗"中可以单击"编辑拉链样式"按钮，也可以分别对拉齿、布带、拉头、拉片、拉止进行编辑，设计出自己需要的效果，如图 8-25 所示。

10. 制作充绒效果

使用"勾勒轮廓"工具，将面料衣身和袖子版片上绗缝线的基础线勾勒为内部线。

（1）方法一。

使用"选择 / 移动"工具选中面料的衣身、领子和袖子版片，单击鼠标右键，在弹出的快捷菜单中选择"生成里布"→"生成里布层（外侧）"选项，如图 8-26 所示。

图 8-25

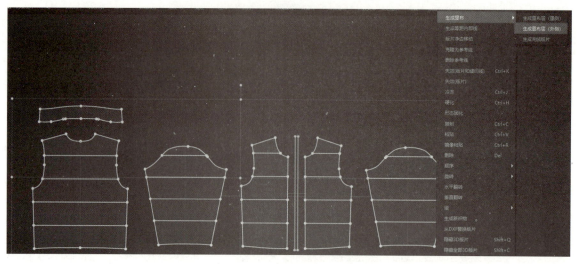

图 8-26

TIP:

1）绗缝线。对于在两层织物中间添加填充物的服装，通常需要绗缝，用来固定和装饰，如羽绒服。绗缝线之间的间距，前、后衣片要尽可能保持一致，以避免缝合后错位影响美观。

2）生成里布。生成里布的功能就是克隆版片，克隆后的版片与原始版片具有联动关系，并且外轮廓线和内部线会对应自动缝合，可以用来制作羽绒服等双层结构的服装。具体生成里布层（外侧）还是生成里布层（内侧），要看哪个更方便模拟，其实际效果是相同的。如果不想使用联动功能，可以解除联动。

生成里布层（外侧）后的版片效果如图 8-27 所示。

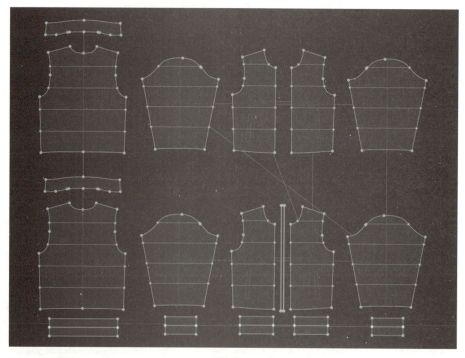

图 8-27

使用"选择／移动"工具，选中生成里布层（外侧）的版片，在"属性编辑视窗"中将压力值设置为 10 g/mm^2，如图 8-28 所示；再选中面料原始版片，将压力值设置为 −10 g/mm^2，然后进行模拟,并将虚拟模特由"A"姿势切换到"I"姿势,模拟后效果如图 8-29 所示。

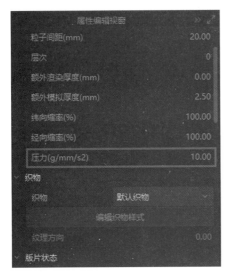

图 8-28   图 8-29

TIP:

压力有正值和负值。正值是版片面料方向向外的力;负值是版片面料方向向内的力。压力取值范围是 –100 ~ 100 g/mm/s²,数值越大版片受到的力越大,蓬起的效果越大,具体要根据设计效果来决定,这个案例中设置的是 10 g/mm/s² 和 –10 g/mm/s²。

（2）方法二。

使用"选择 / 移动"工具选中需要充绒的版片,在版片上单击鼠标右键,在弹出的快捷菜单中选择"生成里布"→"生成充绒版片"选项,然后在"属性编辑视窗"中设置填充物为鸭毛还是鹅毛,并设置充绒量和绗缝间距。

读者可以根据自己的制作习惯选择制作方法。

11. 帽子制作

（1）安排帽子里布版片。在 3D 视窗中显示安排点,然后将帽子里布版片根据安排点安排在头部周围,如图 8-30 所示。

（2）缝制版片。使用"缝纫"工具将帽子版片缝合,再与衣身缝合。模拟时可以使用硬化功能,模拟后效果如图 8-31 所示。

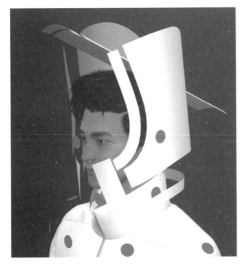
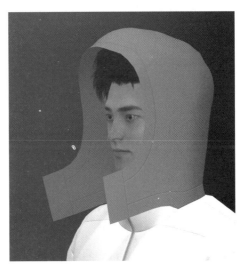

图 8-30   图 8-31

（3）帽子充绒。使用"勾勒轮廓"工具把帽子版片上绗缝线的基础线勾勒为内部线，然后选中缝合好的帽子版片，单击鼠标右键，在弹出的快捷菜单中选择"生成里布"→"生成里布层（外侧）"选项，然后在"属性编辑视窗"中设置压力为 10 g/mm/s^2，原始版片压力为 -10 g/mm/s^2，也可以根据需要设置更高值，模拟更多充绒效果。模拟后效果如图 8-32 所示。

（4）安排帽子面料版片。在 3D 视窗中显示安排点，然后将帽子面料版片安排在里布版片外面。安排后效果如图 8-33 所示。

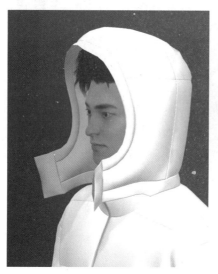 

图 8-32　　　　　　　　　　　　　　　　图 8-33

（5）缝合帽子面料版片，再与帽子里料版片缝合，注意将缝纫类型设置为"合缝"。效果如图 8-34 所示。缝合后模拟效果如图 8-35 所示。

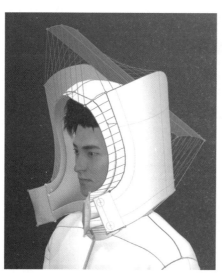 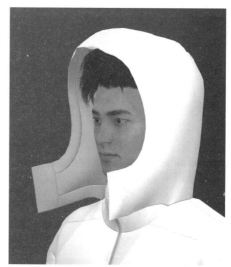

图 8-34　　　　　　　　　　　　　　　　图 8-35

12. 口袋制作

（1）设置版片关系。选中要做口袋的前衣身版片，单击鼠标右键，在弹出的快捷菜单中选择"解除联动"选项（解除与原始版片的联动关系），再将左、右两个前衣片设置为联动关系。

（2）使用"勾勒轮廓"工具，选中口袋基础线，单击鼠标右键，在弹出的快捷菜单中选择"勾勒为版片"选项，制作袋唇版片，如图 8-36 和图 8-37 所示。

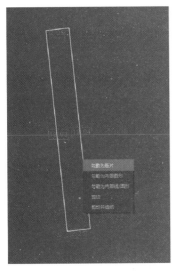 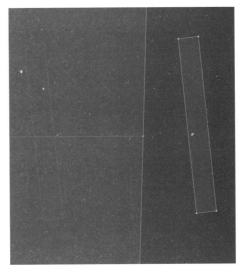

图 8-36   图 8-37

TIP：

1）勾勒为版片。使用"勾勒轮廓"工具可以将版片内基础线图形勾勒为版片。

2）克隆为版片。使用"选择 / 移动"工具或"编辑版片"工具，可以将版片中内部线图形克隆为版片。

（3）使用"勾勒轮廓"工具选中衣片上口袋基础线，单击鼠标右键，在弹出的快捷菜单中选择"剪切"选项，然后将剪切下的版片删除（或者直接将剪切下的版片作为袋唇版片），效果如图 8-38 所示。

使用"编辑版片"工具选中口袋边线，单击鼠标右键，在弹出的快捷菜单中选择"生成等距内部线"选项，在弹出的"内部线间距"对话框中设置"间距"为 0.2 cm，"扩张数量"为 1，单击"默认方向"单选按钮，具体如图 8-39 所示。完成后效果如图 8-40 所示。

 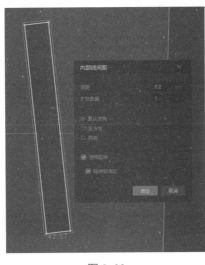 

图 8-38   图 8-39   图 8-40

TIP：

口袋的挖空效果也可以使用"勾勒轮廓"工具，将口袋基础线勾勒为内部线，然后使用"选择 / 移动"工具或"编辑版片"工具并单击鼠标右键，在弹出的快捷菜单中选择"转换为洞"选项，也可以做出挖空效果。

（4）复制一个袋唇，使用"编辑版片"工具选中复制的袋唇，单击鼠标右键，在弹出的快捷菜单中选择"版片净边移动"选项，在弹出的"版片净边移动"对话框中设置"距离"为 0.2 cm，其他设置如图 8-41 所示。完成后效果如图 8-42 所示。

图 8-41　　　　　　　　　图 8-42

（5）缝合口袋。将复制的袋唇与衣片口袋等距 0.2 cm 的内部线缝合，如图 8-43 所示。选中版片，在 3D 视窗中单击鼠标右键，在弹出的快捷菜单中选择"移动到里面"选项，然后进行模拟，完成后效果如图 8-44 所示。对版片进行"克隆对称版片（版片和缝纫线）"，在 3D 视窗中单击鼠标右键，在弹出的快捷菜单中选择"使用对称版片形态"选项，完成另一边的制作。

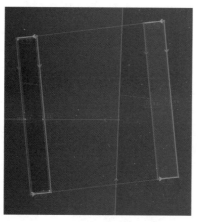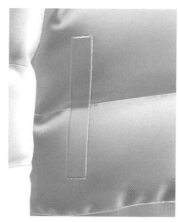

图 8-43　　　　　　　　　图 8-44

使用"编辑版片"工具在原来袋唇版片边线上单击鼠标右键，在弹出的快捷菜单中选择"版片净边移动"选项，在弹出的"版片净边移动"对话框中设置距离为袋唇宽度（做出袋唇向内的翻折量，表现袋唇的双层效果），具体如图 8-45 所示，然后将袋唇与衣身上的口袋进行缝合，如图 8-46 所示。

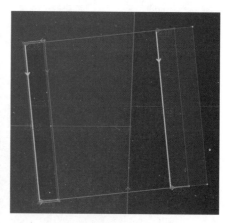

图 8-45　　　　　　　　　图 8-46

在 3D 视窗中将版片"移动到外面",使用"折叠安排"工具将袋唇向内翻折,如图 8-47 所示。然后将翻折过去的版片与另一半缝合固定,将缝纫线类型设置为"合缝"。模拟后效果如图 8-48 所示。将袋唇版片进行"克隆对称版片(版片和缝纫线)",然后在 3D 视窗中单击鼠标右键,在弹出的快捷菜单中选择"使用对称版片形态"选项,完成另一边袋唇的制作。

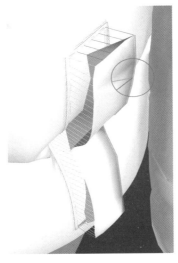 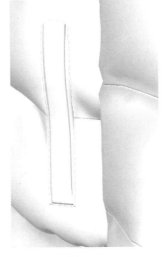

图 8-47   图 8-48

13. 细节制作

(1)减小粒子间距。选中所有版片,在"属性编辑视窗"中将"粒子间距"改为 5 mm,然后进行模拟。

(2)制作褶皱效果。使用"编辑版片"工具,选择版片上的纫缝线,在"属性编辑视窗"中设置"弹性",将"比例"设置为 95%,如图 8-49 所示。完成后效果如图 8-50 所示。

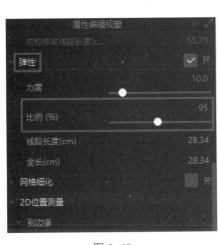 

图 8-49   图 8-50

(3)装钉四合扣。在"资源库"的"辅料"中找到需要的四合扣,双击添加到场景管理视窗的附件中。选择需要的四合扣,在 3D 视窗中单击"吸附"按钮,如图 8-51 所示。将四合扣放在合适位置。面、里料纽扣位置可以"添加假缝",表现面、里料缝合在一起的效果。完成后效果如图 8-52 所示。

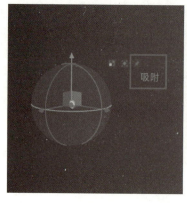
图 8-51

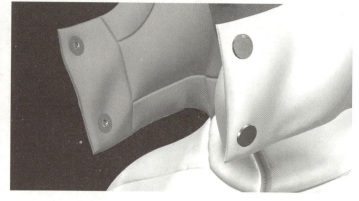
图 8-52

TIP:

　　四合扣是纽扣的一种，很多服装中采用四合扣，可以直接到"资源库"的"辅料"中去搜索，然后双击添加到场景管理视窗中，需要更多的样式可以到官方网站下载。

　　（4）添加明线。在绗缝线上和口袋位置添加明线，在"明线库"中找到合适的明线，设置"到边距"为 0 cm，如图 8-53 所示。使用"编辑缝纫线"工具，框选所有缝纫线，在"属性编辑视窗"中将缝纫线的"法线贴图强度"降低，根据效果进行设置，如图 8-54 所示。

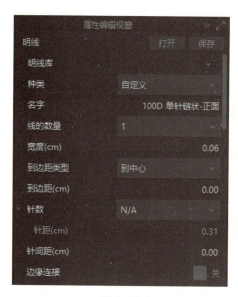
图 8-53

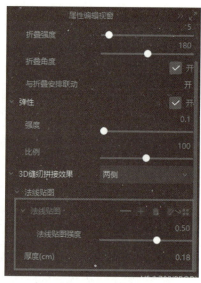
图 8-54

8.3.2　羽绒服数字面辅料设置

　　（1）在"资源库"的"面料"中打开已有面料——罗纹面料、羽绒服里料和面料，如图 8-55 所示。将所有面料版片选中，在"织物"窗口中的面料上单击鼠标右键，在弹出的快捷菜单中选择"应用到选中版片"选项即可，对里料和罗纹也使用同样的方法。罗纹纹理的大小可以使用"编辑图案"工具进行编辑。

　　（2）根据面料颜色，设置明线和拉链颜色，以及拉链材质，完成后效果如图 8-56 所示。

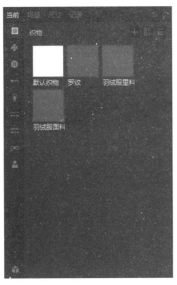 

图 8-55   图 8-56

TIP：

可以使用已有面料，也可以登录官方网站下载需要的面料，或者对已有和下载的面料进行重新编辑。

8.3.3 羽绒服离线渲染

在 3D 视窗中调整好羽绒服的位置和角度（根据自己效果需要，帽子可以戴着，也可以放下来）。

在"工具"菜单中选择"离线渲染"工具，2D 视窗变为"渲染"窗口。单击"同步"按钮，"渲染"窗口内容与 3D 视窗相同，如图 8-57 所示。

图 8-57

在"渲染"窗口中单击"渲染图片属性"和"灯光属性"按钮，根据需要对图片属性和灯光进行设置，如图 8-58 和图 8-59 所示。

图 8-58　　　　　　　　　图 8-59

单击"停止"按钮，再单击"最终"按钮开始渲染，完成后效果如图 8-60～图 8-63 所示。

图 8-60　　　　　　图 8-61　　　　　　图 8-62　　　　　　图 8-63

8.4　素养提升

保暖神器——羽绒

羽绒服是服装中最常见的品类之一，尤其在北方，更是人们过冬的必备服装之一。请扫描二维码了解详情，思考和探讨以下问题。

（1）如何鉴别羽绒质量的好与坏？

（2）羽绒为什么保暖？如何清洗羽绒服？

保暖神器——
羽绒

一件棉袄——马毛姐的故事

微课：一件棉袄
——马毛姐的故事

马毛姐，安徽省无为市马家坝村人，解放战争时期支前英模的杰出代表，闻名全国的"渡江英雄"。请扫描二维码了解详情，思考和探讨我们该如何学习马毛姐不怕牺牲、不谋名利的艰苦奋斗精神；如何学习她不计个人得失，对党和人民心存感恩，以国家事业为己任，默默无私的奉献精神；如何将马毛姐的这些精神用在自己的学习和工作中。

8.5 项目思考与实训

8.5.1 项目思考

（1）压力值设置范围为 $-1\,000 \sim 1\,000$ g/mm/s^2。   （   ）
（2）生成里布的版片与原始版片具有联动关系。   （   ）
（3）弹性比例值越大，弹性越大。   （   ）
（4）服装版片是由三角网格组成的，网格越大面料表现效果越好。   （   ）
（5）编辑版片可以使用"编辑版片"工具。   （   ）

8.5.2 项目实训

羽绒服数字样衣设计与制作

8.6 项目评价与总结

8.6.1 项目评价

评价项目与分数	羽绒服制作基础（40分）		羽绒服模拟（30分）		羽绒服细节展示（30分）	
	版片编辑与安排（20分）	版片缝纫（20分）	服装形态（15分）	服装工艺（15分）	细节（20分）	展示（10分）
教师评价（60%）						
学生互评（20%）						
学生自评（20%）						
总分合计						

8.6.2 项目总结

通过完成此项目，你学到哪些知识和技能？还有哪些不足之处，并准备如何弥补和提升？

✂ 项目 9
瑜伽服

9.1 项目表单

项目名称	瑜伽服
项目描述	上下分开、贴体紧身、背心款瑜伽服套装，上衣和裤子侧面有拼接
项目内容	1. 瑜伽服数字样衣缝制； 2. 瑜伽服数字样衣面料设置； 3. 瑜伽服数字样衣细节处理与展示
项目目标	知识目标： 1. 掌握瑜伽服数字样衣的缝制流程； 2. 掌握瑜伽服数字样衣的缝制方法； 3. 掌握瑜伽服数字样衣的面料设置方法； 4. 掌握瑜伽服数字样衣的展示方法。 技能目标： 1. 能够使用软件进行瑜伽服数字样衣缝制； 2. 能够对瑜伽服数字样衣进行面料设置和细节处理； 3. 能够对瑜伽服数字样衣进行展示。 素养目标： 1. 了解人体工程学知识，提升审美素养； 2. 培养学生的安全意识，提升跨学科思考与融合能力； 3. 培养学生的功能性思维和严谨细致的做事态度； 4. 了解行业特点，培养学生的成本意识和解决问题的能力
项目重点	3D 版片设计与绘制，成衣效果展示
项目难点	3D 版片绘制与修正
项目资源	1. 瑜伽服版片、面料； 2. 微视频； 3. 网络课程

9.2 项目准备

（1）收集瑜伽服款式与流行趋势。

（2）登录泛雅平台，预习网络课程。

（3）课前思考。

1）瑜伽服款式及设计要点有哪些?

2）瑜伽服面料的特点有哪些?

3）瑜伽服的健康性主要体现在哪些方面?

微课：瑜伽服
制作

9.3 项目实施

9.3.1 瑜伽服数字样衣版片绘制与缝制

1. 打开人体

执行"资源库"→"模特"→"女"命令，双击打开虚拟模特，如图 9-1 所示。

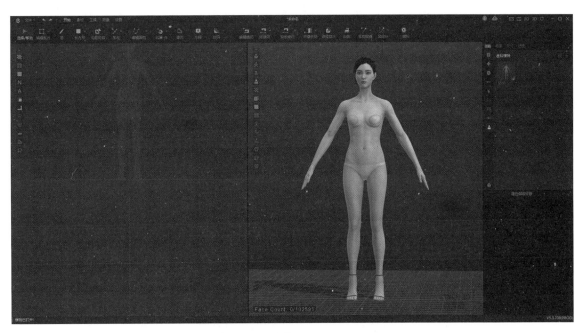

图 9-1

2. 上衣制作

（1）绘制前衣片版片。使用"笔"工具在 3D 视窗中的虚拟模特上根据服装款式绘制服装版片，如图 9-2 所示。对于左右对称的款式只绘制一半的版片即可。前中绘制完成后，旋转虚拟模特，继续绘制底摆和侧缝，直到版片闭合，双击结束，如图 9-3 所示。

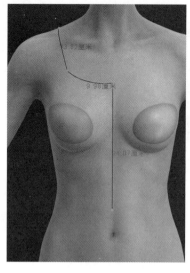
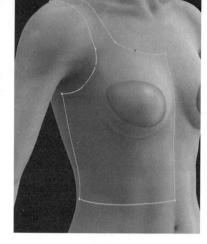

图 9-2　　　　　　　　　　　　　　图 9-3

TIP：

　　"笔"工具可以用来绘制版片和内部线。使用方法如下：单击起点，按 Ctrl 键可以绘制曲线，按 Shift 键可以绘制水平线和垂直线，双击可以结束绘制。

　　绘制的版片比例和结构关系要准确，对于不圆顺线段，在绘制过程中可以使用"编辑曲线"工具 在线段上单击鼠标右键，在弹出的快捷菜单中选择"增加曲线点"选项，然后编辑曲线。具体细节在生成版片以后再进行修改和完善。

　　（2）绘制后衣片版片和肩带。使用"笔"工具，根据款式设计绘制后衣片和肩带。因为肩带在背部是左右交叉款式，所以可以在背部绘制一条辅助线，帮助肩带在背部定位。注意：绘制的版片要保证是闭合状态，如图 9-4 所示。

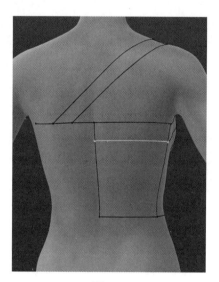

图 9-4

　　（3）绘制前、后衣片分割线。使用"笔"工具，根据款式绘制前、后衣片内的分割线，如图 9-5 和图 9-6 所示。

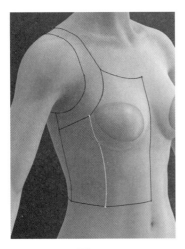 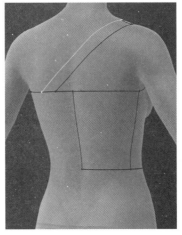

图 9-5　　　　　　　　　　　　　　图 9-6

（4）生成版片。使用"编辑版片"工具，将光标放在 3D 虚拟模特身上，封闭的版片会呈现蓝色，如图 9-7 所示，单击后会呈现黄色，如图 9-8 所示。

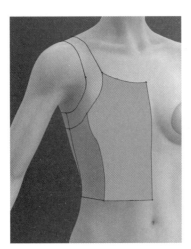 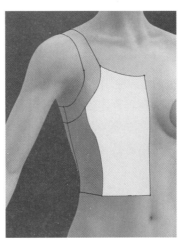

图 9-7　　　　　　　　　　　　　　图 9-8

按下 Shift 键，单击前、后衣片所有闭合版片，如图 9-9 所示，然后按 Enter 键，生成版片，如图 9-10 所示。

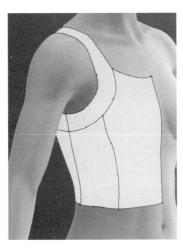 

图 9-9　　　　　　　　　　　　　　图 9-10

TIP：

生成的版片自动缝合。

（5）编辑版片。在 2D 视窗中生成的版片是凌乱的，重新摆放好位置后，使用"编辑版片""编辑圆弧"和"编辑曲线"工具对版片进行编辑和整理，使曲线更加圆顺，版片结构更加合理，缺失的版片补充完整，完成后效果如图 9-11 所示。

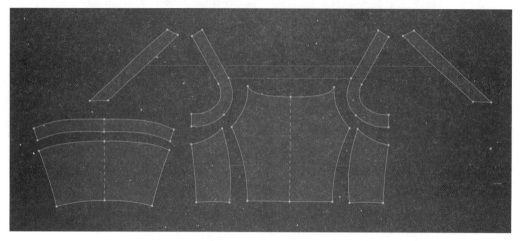

图 9-11

（6）安排、模拟版片。在 3D 视窗中重新安排版片。前、后衣片是"边缘对称"展开的版片，可以重新安排，肩带和前侧衣片是使用"克隆对称版片（版片和缝纫线）"功能处理的版片，可以使用"使用对称版片形态"功能进行安排，如图 9-12 所示。

因为生成的版片是自动缝合的，所以只要将肩带局部没有缝合的部分缝合即可，模拟后效果如图 9-13 所示。

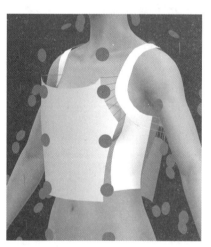

图 9-12

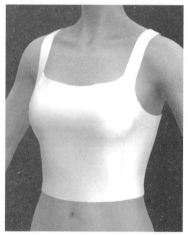

图 9-13

（7）上衣细节。选中所有版片，将粒子间距设置为 5 mm，额外模拟厚度可以设置为 0.5 cm 或 0 cm。

在服装曲度较大的部位，为了防止变形，可以使用粘衬条功能。

使用"编辑版片"工具，单击需要粘衬条部位的线段，在"属性编辑视窗"中开启"粘衬条"选项，可以设置衬条的宽度，也可以在预设中设置衬的类型，如图 9-14 所示。粘衬条部位可以参考图 9-15。

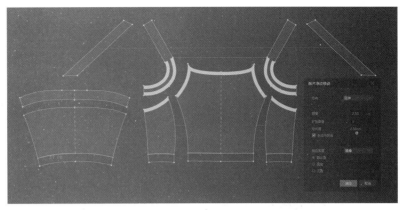

图 9-14 图 9-15

　　归拔是服装中的一种熨烫工艺。在该案例中，粘完衬条后仍有不平整的部位，可以使用"造型刷"工具进行熨烫。"造型刷"工具可以在 2D 视窗中使用，也可以在 3D 视窗中使用，如图 9-16 所示。建议开启模拟状态，边熨烫边察看 3D 效果，平整即可，完成后效果如图 9-17 所示。

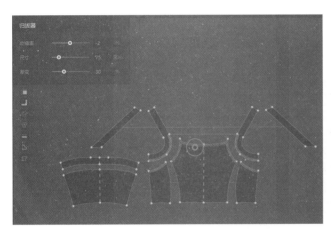

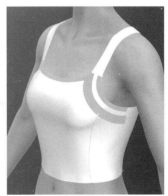

图 9-16 图 9-17

（8）衣摆细节。

　　1）使用"编辑版片"工具，选择上衣所有底摆线，单击鼠标右键，在弹出的快捷菜单中选择"版片净边移动"选项，制作折边量，具体参数设置如图 9-18 所示。

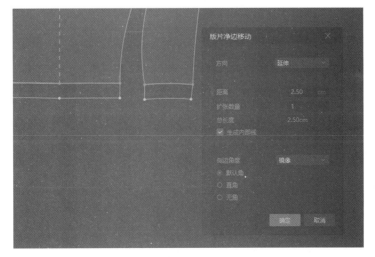

图 9-18

2）使用"折叠安排"工具，以原衣摆线为翻折线，将折边向内、向上翻折，如图 9-19 所示。

3）使用"编辑版片"工具，对原衣摆线和新衣摆线分别制作"等距内部线"，并进行缝合固定，如图 9-20 所示。

图 9-19   图 9-20

4）使用"编辑版片"工具，在衣摆翻折线两侧生成距离为 0.2 cm 的等距内部线，使翻折效果更加细腻，如图 9-21 所示。完成后效果如图 9-22 所示。

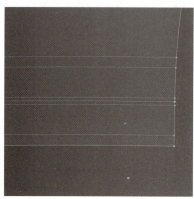
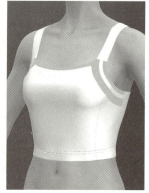

图 9-21   图 9-22

3. 裤子制作

（1）绘制前裤片。绘制裤子版片时可以使虚拟模特将鞋子脱掉。单击虚拟模特，在"属性编辑视窗"使用"笔"工具在虚拟模特下身根据款式设计绘制前裤片。绘制过程如图 9-23 ～图 9-25 所示。

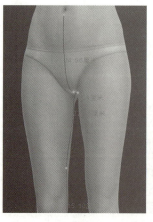
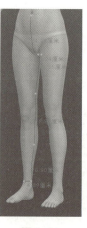
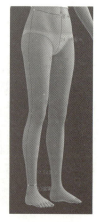

图 9-23   图 9-24   图 9-25

（2）绘制后裤片和分割线。

1）使用"笔"工具接着前裤片腰部侧缝端点，绘制后裤片的腰部和后中线，如图 9-26 所示。后裤片大裆与前裤片小裆处重合，如图 9-27 所示。

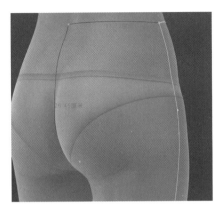 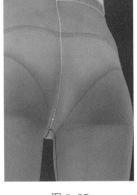

图 9-26　　　　　　　　　图 9-27

2）使用"笔"工具接着前裤片脚口侧缝处端点绘制后裤片脚口线，与前裤片下裆端点重合，完成后裤片绘制，如图 9-28、图 9-29 所示。

在前、后裤片上绘制分割线，如图 9-30 所示。

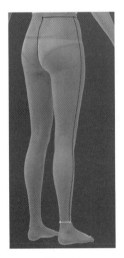 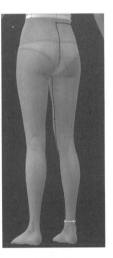 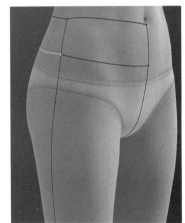

图 9-28　　　　　　图 9-29　　　　　　　　图 9-30

（3）生成版片。使用"编辑版片"工具，按 Shift 键，单击所有裤子闭合版片，如图 9-31 所示，然后按 Enter 键，生成裤子版片，如图 9-32 所示。

（4）编辑版片。在 2D 视窗中使用"编辑版片""编辑圆弧"和"编辑曲线"工具对版片进行编辑和整理，使曲线更加圆顺，版片结构更加合理，再将缺失的版片补充完整。

本案例中裤子侧面有一个拼色版片，可以将前、后裤片侧缝处分别剪切一条，再使用"长方形"工具绘制一个拼条，完成后效果如图 9-33 所示。

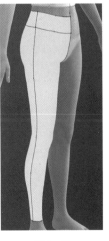 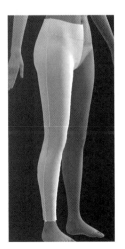

图 9-31　　　　　　　图 9-32

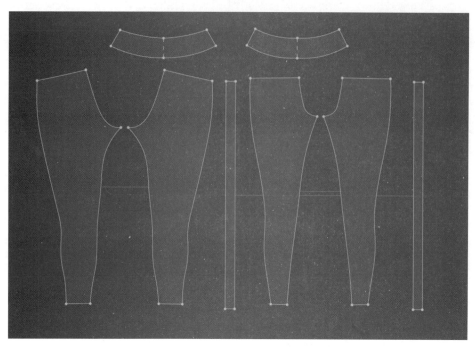

图 9-33

（5）安排、缝合、模拟版片。在 3D 视窗中安排好版片，将前、后浪进行缝合，并将侧缝拼条版片缝好后进行模拟，前、后浪效果分别如图 9-34 和图 9-35 所示。

从模拟效果能够看出裤子不够贴体，尤其是后面效果。选中裤子版片，在"属性编辑视窗"中将纬向缩率改为 90，效果如图 9-36 所示。如果还不平整，可使用"造型刷"工具进行熨烫。

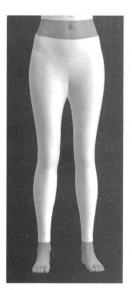
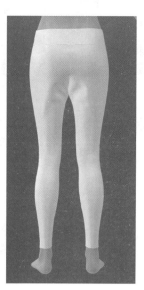
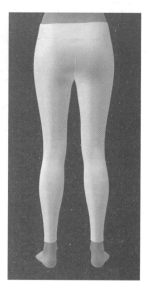

图 9-34   图 9-35   图 9-36

（6）固定裤腰。模拟后的裤腰下坠，不在原本设计的位置。可以使用"模特圆周胶带"工具，在虚拟模特腰部分别单击左边和右边，然后上下拖拽，效果如图 9-37 所示。位置合适后单击固定，绘制出腰部胶带线，也就是固定裤腰的腰围线，如图 9-38 所示。

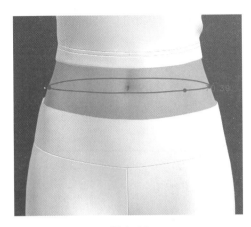

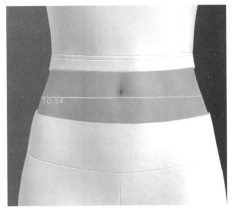

图 9-37　　　　　　　　　　　　　　　图 9-38

使用"服装贴覆到胶带"工具，单击裤腰，再单击胶带线，将前、后裤腰都贴覆到胶带线上，如图 9-39 所示。模拟后裤腰固定到胶带线上，效果如图 9-40 所示。

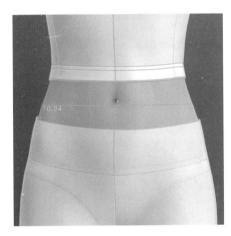

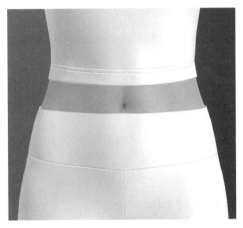

图 9-39　　　　　　　　　　　　　　　图 9-40

（7）裤子细节。选中所有版片，设置粒子间距为 5 mm，额外模拟厚度为 0.5 cm 或 0 cm。

模拟后会发现紧贴在大腿处的裤子上会有楞状凸起，如图 9-41 所示。选中虚拟模特，在"属性编辑视窗"中开启"网格细分"选项，如图 9-42 所示。模拟后效果如图 9-43 所示。

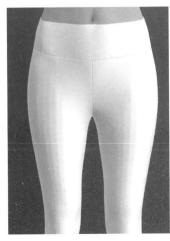

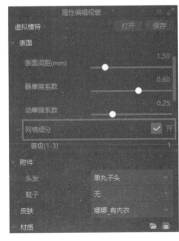

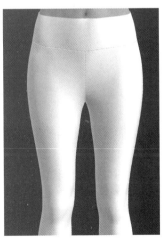

图 9-41　　　　　　　　　　图 9-42　　　　　　　　　　图 9-43

（8）裤口细节。裤口细节与上衣底摆细节做法相同，如图9-44和图9-45所示。

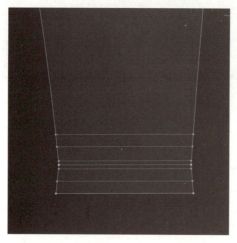
图 9-44

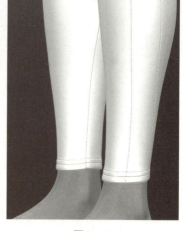
图 9-45

（9）明线。瑜伽服拼接处为了平整美观采用四针六线针法，如前、后浪处及腰部和腿部等拼接处，如图9-46所示。衣摆和裤口折边使用二针四线。完成后效果如图9-47所示。

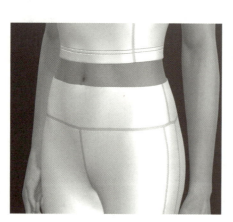
图 9-46

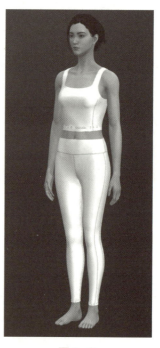
图 9-47

9.3.2　瑜伽服数字面料设置

1. 加载并应用面料素材
加载面料素材，选中版片，在面料上单击鼠标右键，在弹出的快捷菜单中选择"应用到选中版片"选项。

2. 设置明线颜色
设置明线颜色与服装搭配。完成前、后效果分别如图9-48和图9-49所示。

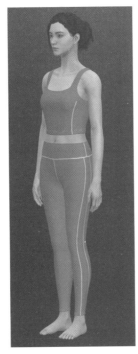 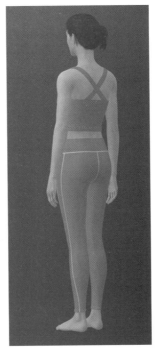

图 9-48　　　　　　　　　图 9-49

9.3.3　瑜伽服离线渲染

在"素材"菜单中选择"离线渲染"工具，进入"渲染"窗口，如图 9-50 所示。

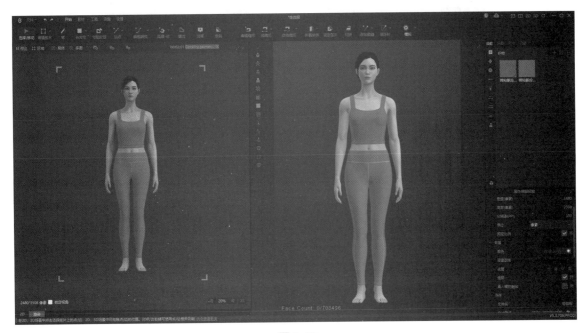

图 9-50

设置渲染图片属性和灯光属性，如图 9-51 和图 9-52 所示。

图 9-51　　　　　　　　　图 9-52

调整好大小和角度，单击"最终"按钮进行渲染，完成后效果如图 9-53 ～图 9-56 所示。

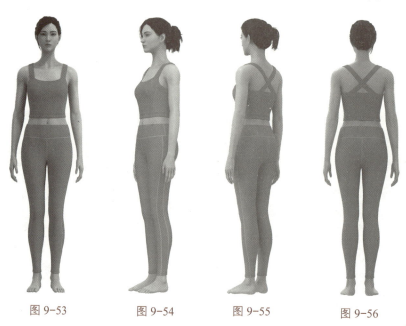

图 9-53　　　　　　图 9-54　　　　　　图 9-55　　　　　　图 9-56

9.4　素养提升

运动时尚之美——瑜伽服

瑜伽服是练习瑜伽时所穿的服装。因为瑜伽服属于运动服装并且贴身穿着，所以在注重功能性的同时也应注重健康性。请扫描二维码了解详情，思考和探讨以下问题。

运动时尚之美
——瑜伽服

（1）瑜伽服的常用款式有哪些？在设计时如何将功能性与时尚性相结合进行创新设计？

（2）市场上常见的瑜伽服品牌有哪些？

瑜伽服鉴赏

瑜伽服鉴赏

　　瑜伽服的款式多种多样，请扫描二维码赏析，思考和探讨在生活中还有哪些功能性服装，在设计瑜伽服时应注意什么。

9.5　项目思考与实训

9.5.1　项目思考

（1）如何隐藏固定针？

（2）版片修正过程中使用比较多的工具有哪些？

（3）Style3D 软件中内部线都有哪些颜色？分别代表什么？

（4）额外模拟厚度和额外渲染厚度有什么区别？

9.5.2　项目实训

　　瑜伽服数字样衣设计与制作。

9.6　项目评价与总结

9.6.1　项目评价

评价项目 与分数	瑜伽服制作基础 （40分）		瑜伽服模拟 （30分）		瑜伽服细节与展示 （30分）	
	版片创建与编辑 （20分）	版片缝纫 （20分）	服装形态 （15分）	服装工艺 （15分）	面料 （15分）	明线 （15分）
教师评价（60%）						
学生互评（20%）						
学生自评（20%）						
总分合计						

9.6.2　项目总结

　　通过完成此项目，你学到哪些知识和技能？还有哪些不足之处，并准备如何弥补和提升？

 **项目 10**
场景搭建

10.1 项目表单

项目名称	场景搭建
项目描述	本项目内容是模拟卖场空间进行场景搭建，除了地面和墙体外，还可以自己制作道具，如皮凳、镜子、画框、挂杆等；也可以利用系统自带的一些道具，如头模、盆栽、门帘和几何体等。另外，可以借助其他 3D 资源库素材，搭建需要的场景进行服装陈列展示
项目内容	1. 道具制作； 2. 场景搭建； 3. 灯光设计与渲染
项目目标	知识目标： 1. 了解空间透视知识； 2. 掌握场景搭建的方法； 3. 掌握道具制作的方法； 4. 掌握素材下载及编辑的方法； 5. 了解服装陈列展示相关知识。 技能目标： 1. 能够使用软件制作简单道具； 2. 能够使用软件进行场景搭建； 3. 能够对场景进行灯光设计和渲染。 素养目标： 1. 培养学生的科学原理认知，提升空间想象力和思维能力； 2. 培养学生的团队协作精神； 3. 培养学生的历史责任感和文物保护意识； 4. 培养学生耐心、专注、严谨的专业态度和职业精神
项目重点	场景搭建
项目难点	空间透视关系
项目资源	1. 微视频； 2. 网络课程

10.2　项目准备

（1）下载公共 3D 资产库需要的素材。

（2）登录泛雅平台，预习网络课程。

（3）课前思考。

1）什么是平行透视？

2）什么是成交透视？

3）什么是散点透视？

4）服装陈列构成的方式有哪些？

5）服装陈列展示常用的配色方法有哪些？

10.3　项目实施

10.3.1　场景搭建

微课：场景
搭建

1. 制作地面

（1）在"资源库"中加载模特，根据模特大小参考整个空间和其他物体的大小与比例关系，如图 10-1 所示。

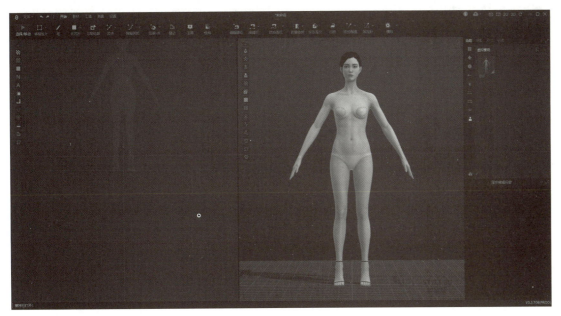

图 10-1

（2）绘制地板版片。在 2D 视窗中使用"长方形"工具，参考人体大小绘制地板版片，并将该版片的粒子间距改为 800 mm。按住 Shift 键将版片旋转至与地面平行，如图 10-2 所示。

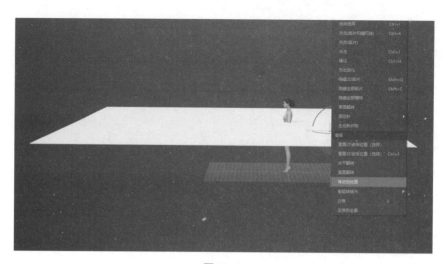

图 10-2

注意：版片的大小除参考人体外，也要考虑计算机配置。

选中版片后单击鼠标右键，在弹出的快捷菜单中选择"移动到地面"选项，如图 10-3 所示，完成后效果如图 10-4 所示。

图 10-3

图 10-4

在"属性编辑视窗"的"模拟属性"区域设置"额外渲染厚度"为 500 mm，在"边属性"区域设置"弯曲率"为 0，并将地板版片向下微调至地面网格露出，然后单击鼠标右键，在弹出的快捷菜单中选择"智能转换为"→"附件"选项。完成后效果如图 10-5 所示。

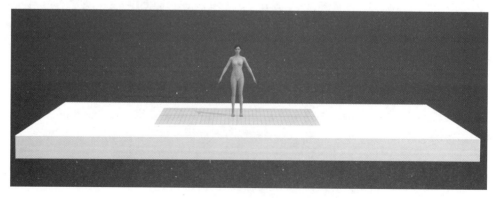

图 10-5

TIP：

当版片转换为附件后，2D 视窗中的版片会消失，并会弹出"转换为附件成功"的提示对话框，单击"确定"按钮即可。当版片转换为附件后，也可通过坐标进行缩放和吸附等操作，如图 10-6 所示。

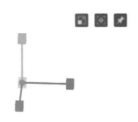

2. 绘制墙壁

（1）使用"长方形"工具绘制墙壁版片，可以绘制得比地板更长一些，将粒子间距设置为 800 mm。再使用"笔"工具在墙壁版片上绘制两条垂直内部线，作为墙壁的折叠线，具体位置可以参考 3D 视窗中的版片，如图 10-7 所示。

图 10-6

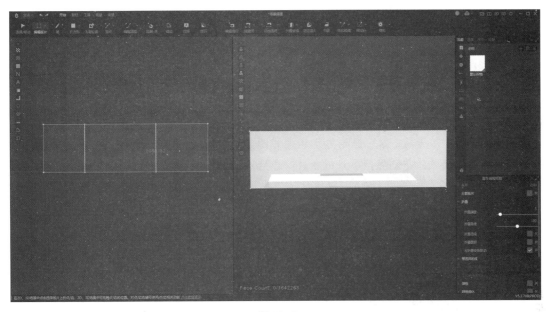

图 10-7

（2）使用"折叠安排"工具，以绘制的两条垂直线为折叠线，将墙壁版片进行折叠。再使用"编辑版片"工具选中折叠线，在"属性编辑视窗"的"折叠"区域开启"折叠渲染"选项，完成后效果如图 10-8 所示。

图 10-8

（3）使用"圆形"工具在墙壁版片上绘制圆形，然后使用"笔"工具在圆形两边分别绘制垂直线段，设计门的形状，大小可以参照人体，如图10-9所示。

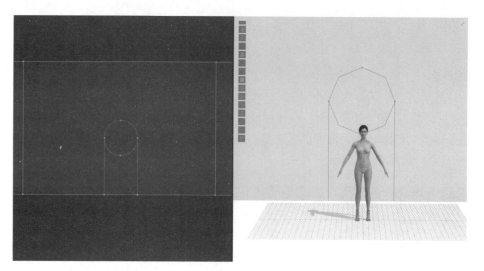

图 10-9

使用"编辑版片"工具，选择圆形的上半弧和两条垂直线段，单击鼠标右键，在弹出的快捷菜单中选择"剪切"选项，并删除剪下来的版片。再选中门的两条弧线，在"属性编辑视窗"中开启"网格细化"选项，设置间距为20 cm，能够保证弧线圆顺即可，如图10-10所示。

将墙壁版片的"额外渲染厚度"设置为300 mm，将"边属性"的"弯曲率"设置为0，完成后门的效果如图10-11所示。本案例设计的是拱形门，可以根据需要设计任意形状的门。

在3D视窗中的墙壁版片上单击鼠标右键，在弹出的快捷菜单中选择"智能转换为"→"附件"选项，将墙壁转换为附件。

图 10-10   图 10-11

（4）选中地板，按Ctrl+C（复制）快捷键，再按Ctrl+V（粘贴）快捷键。将复制的地板进行旋转、调整大小，并移动到后面作为背景墙壁，完成后效果如图10-12所示。

图 10-12

3. 给地板和墙壁添加纹理

地板和墙壁纹理可以使用网站上的素材。这里选用公共 3D 资产库,如图 10-13 所示。在其中寻找符合需要的地板和墙壁纹理效果,然后单击"下载"按钮,如图 10-14 所示。

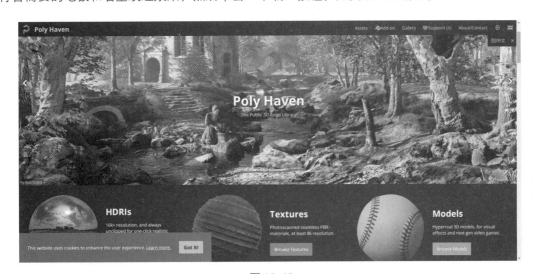

图 10-13

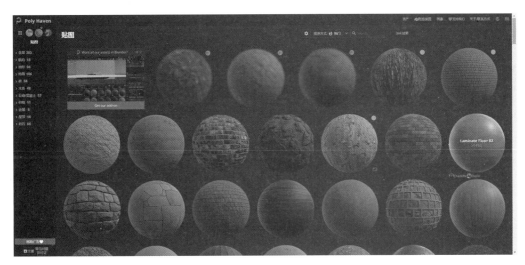

图 10-14

将下载的素材纹理效果添加到地板和墙壁上。将地板纹理的"纹理参数"→"宽度"设置为1 000 cm，将墙壁纹理的"纹理参数"→"宽度"设置为5 000 cm。完成后效果如图 10-15 所示。

图 10-15

　　注意：纹理参数中的宽度值不固定，可以根据整体比例效果进行设置。
　　根据需要对地板和墙壁色彩进行设计，如图 10-16 所示。

图 10-16

4. 添加挂杆、衣架

　　（1）制作挂杆。使用"长方形"工具绘制一个长方形的挂杆版片，再使用"生成圆顺曲线"工具，在按住角点进行拖拽的同时单击鼠标右键，在弹出的"按照长度生成圆角"对话框中设置线段 1 和线段 2 的值，也就是圆角的大小，该值根据设计效果设置，如图 10-17 所示。完成后效果如图 10-18 所示。

图 10-17

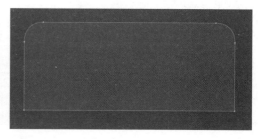

图 10-18

使用"嵌条"工具 ，单击版片左下角，然后向上沿着版片外轮廓线滑动，到上面中间时单击添加一个固定点，至右下角点时双击结束添加嵌条，如图 10-19 所示。

使用"编辑嵌条"工具 选中嵌条，在"属性编辑视窗"中将"宽度"设置为 3 cm（可根据衣架挂钩大小进行设置）。完成后效果如图 10-20 所示。

图 10-19

图 10-20

在"织物"窗口新建"织物 1"，并将"透明度"设置为 0。将"织物 1"应用到挂杆版片上，效果如图 10-21 所示。再新建"织物 2"，应用到嵌条上，并将"织物 2"的"材质属性"→"渲染类型"改为"金属"。效果如图 10-22 所示。

图 10-21

图 10-22

将挂杆进行旋转，可以参考虚拟模特的高度，将挂杆移动到墙壁上的合适位置，并转换为附件，如图 10-23 所示，也可以根据设计需求设置挂杆的颜色。

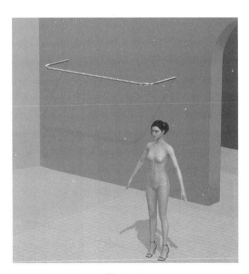

图 10-23

（2）添加衣架。打开"资源库"，在模特中加载需要的衣架（本案例中打开的是衣架和成人西装衣架），如图 10-24 所示。需要注意的是，在"打开虚拟模特文件"面板中，"加载类型"要选择"添加"，如图 10-25 所示。

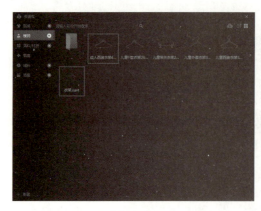
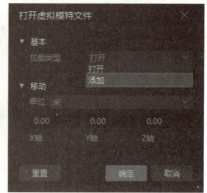

图 10-24　　　　　　　　　　　　　图 10-25

　　打开的衣架会与虚拟模特重叠在一起，需要在"属性编辑视窗"的"其它"区域将"冷冻"选项关闭，如图 10-26 所示，然后将衣架从虚拟模特中移出来，如图 10-27 所示。

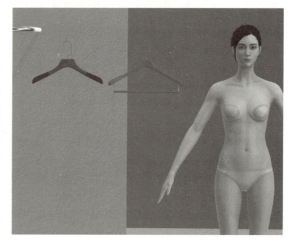

图 10-26　　　　　　　　　　　　　图 10-27

　　（3）添加服装。打开"资源库"，在"服装库"中选择服装，双击弹出"打开项目文件"对话框，在"加载类型"选择"添加"，"加载对象"选择"服装"，单击"确定"按钮添加服装，如图 10-28 所示，也可以在云端下载服装。
　　加载进来的服装是穿在虚拟模特身上的，如图 10-29 所示。

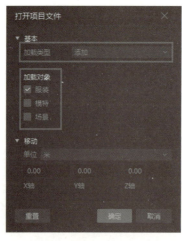
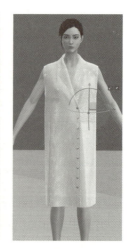

图 10-28　　　　　　　　　　　　　图 10-29

选中所有服装版片，将服装放在衣架上，开启模拟使服装自然下垂，然后选中所有服装版片和衣架，在 3D 视窗中单击鼠标右键，在弹出的快捷菜单中选择"智能转换为"→"附件"选项，如图 10-30 所示，然后将转换为附件的服装进行旋转，并移动到挂杆上，如图 10-31 所示。

图 10-30   图 10-31

（4）添加裤子。打开"资源库"，添加裤子，刚加载进来的裤子是穿在虚拟模特身上的，如图 10-32 所示。选中所有裤子版片，将裤子旋转方向与地面平行，并放在地板上，如图 10-33 所示。开启模拟，让裤子自然平摊在地板上，如图 10-34 所示。

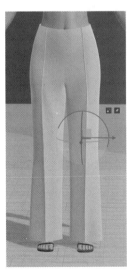 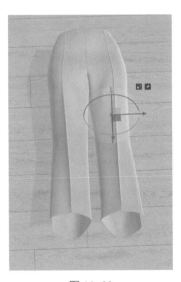 

图 10-32   图 10-33   图 10-34

将两条裤腿稍微分开一些，使用"折叠服装"工具 ，单击中间设置翻折线，如图 10-35 所示。选中一边裤腿版片向另一边进行翻折，如图 10-36 所示。开启模拟，让裤子自然平摊在地板上，如图 10-37 所示。

选中所有裤子版片，将裤子穿过成人西装衣架，如图 10-38 所示。开启模拟，使裤子自然下垂，如图 10-39 所示。将裤子和衣架转换为附件后挂到挂杆的合适位置。

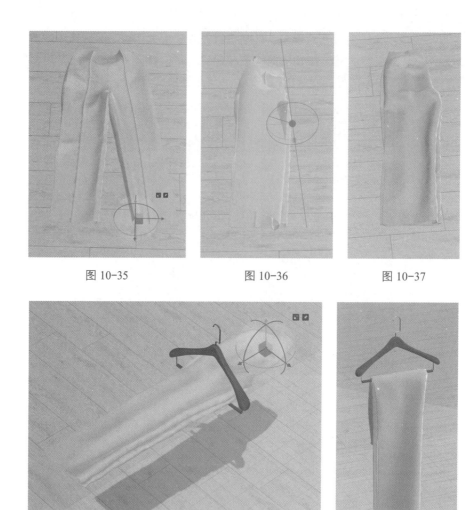

图 10-35   图 10-36   图 10-37

图 10-38   图 10-39

TIP:

在操作过程中，为了使裤子更加平整，可以根据需要使用硬化功能，也可以加大粒子间距使模拟速度更快，更便于调整，调整好以后再将粒子间距调小。

按照上面添加服装的方法，将需要的服装加载进来，并挂到挂杆上，如图 10-40 所示。

图 10-40

5. 制作沙发

（1）使用"长方形"工具，绘制 50 cm×50 cm 的正方形版片；使用"圆形"工具绘制 50 cm×50 cm 的圆形版片，如图 10-41 所示。在 3D 视窗中将版片进行旋转与地面平行，并将圆形版片移动到地面，放到正方形的下面，如图 10-42 所示。

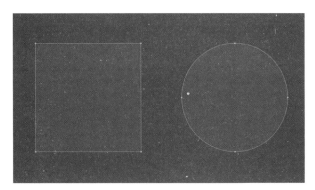

图 10-41   图 10-42

（2）使用"长方形"工具绘制长为 200 cm、高为 50 cm 的长方形版片，将三个版片进行缝合。将正方形和圆形版片冷冻，然后进行模拟，效果如图 10-43 所示。把正方形版片解冻，调整圆形版片大小，为正方形和长方形版片设置压力，模拟后效果如图 10-44 所示。

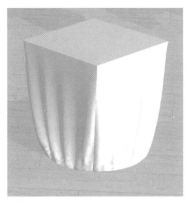

图 10-43   图 10-44

（3）使用"假缝"工具，在 2D 视窗中将正方形和圆形中心点进行假缝，如图 10-45 所示。在"属性编辑视窗"中将假缝线长度设置为 40 cm，模拟后效果如图 10-46 所示。

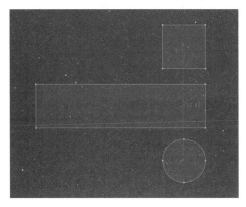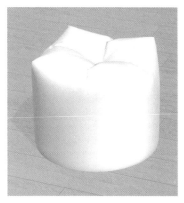

图 10-45   图 10-46

在"资源库"中找到皮革面料并添加到沙发上，将"渲染类型"设置为"皮革"，完成后效果如图 10-47 所示，也可以根据设计需要改变色彩，转化为附件后放到合适位置，如图 10-48 所示。

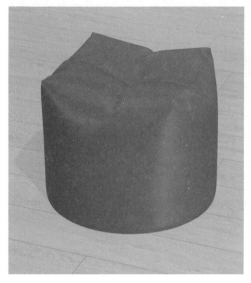

图 10-47

图 10-48

6. 添加道具

在"资源库"的"场景库"中双击"道具"文件夹，在里面选择需要的道具，双击加载到场景中，调整好大小放到合适的位置。

在"资源库"的"场景库"中双击添加"室内蓝色"场景，去掉多余道具，保留门帘、装饰画和盆栽，调整好大小后放到合适的位置，也可以复制装饰画放到其他墙壁上，并更换画面内容。完成后效果如图 10-49 所示。

图 10-49

在"资源库"的"服装库"中选择鞋子和包（可以从云端官方市场下载），添加到场景中，转换为附件，设置颜色和渲染类型后放到合适的位置，如图 10-50 所示。

图 10-50

在公共 3D 资产库中选择需要的道具并下载，应用于场景搭建中。这里选择了沙发、茶几和盆栽，可以对大小、色彩等进行编辑，然后放到合适的位置。完成后效果如图 10-51 所示。

图 10-51

7. 制作镜子

使用"长方形"工具在 2D 视窗中绘制矩形版片，如图 10-52 所示，将粒子间距设置为 800 mm，添加新的面料并转换为附件。在"属性编辑视窗"中对面料属性进行设置，将"渲染类型"设置为"金属"，并将光滑度、金属度和反射强度调至最大值，如图 10-53 所示。完成后效果如图 10-54 所示。

图 10-52   图 10-53   图 10-54

TIP：

镜子是能够反光的，但反光效果只有在渲染以后才能够看到。

8. 制作假人模型

在"资源库"的"服装库"中选择服装，给场景中的虚拟模特穿上，整理好服装，更换一个理想姿势，再将虚拟模特各部位的纹理删除，使虚拟模特变为白模效果（图 10-55），然后将虚拟模特和服装一起转换为附件，放置到合适的位置。最终完成后效果如图 10-56 所示。

图 10-55   图 10-56

10.3.2   场景搭建离线渲染

在"工具"菜单中选择"离线渲染"工具，单击"同步"按钮，在 3D 视窗中调整好位置和角度，如图 10-57 所示。

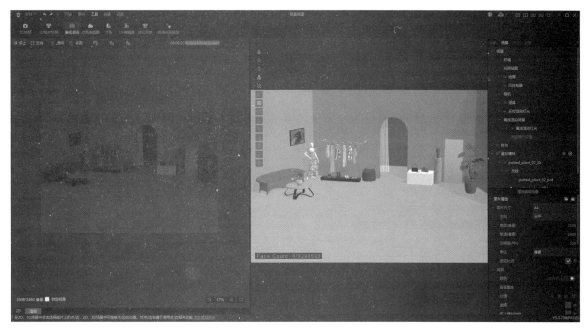

图 10-57

设置渲染图片属性和灯光属性，如图 10-58 和图 10-59 所示。

图 10-58   图 10-59

渲染完成后最终效果如图 10-60 所示。

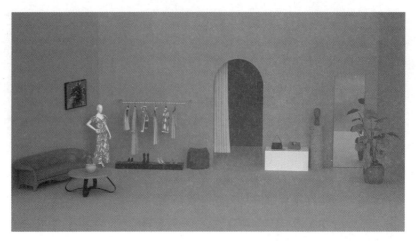

图 10-60

10.4　素养提升

无声的销售语言——服装陈列

　　服装从无到有每个环节都很重要，服装陈列也不例外。好的服装陈列不仅能够吸引顾客进店，提升顾客购物体验，还能够提升品牌形象，促进产品销售。请扫描二维码了解详情，思考和探讨以下问题。

　　1.服装店铺在空间规划时应注意哪些问题？

　　2.服装陈列技巧有哪些？

无声的销售语言
——服装陈列

不可或缺的设计要素——色彩

　　色彩是服装三大设计要素之一，也是其他设计领域不可或缺的设计要素。请扫描二维码了解详情，思考和探讨以下问题。

　　1.什么是流行色？

　　2.常用的色彩搭配原则有哪些？在服装设计和服装陈列设计中如何进行色彩设计？

不可或缺的设计
要素——色彩

10.5　项目思考与实训

10.5.1　项目思考

　　（1）"勾勒轮廓"工具有哪些功能？

　　（2）模拟时版片拉不动，可能是什么原因？

　　（3）如何对面料的纹理进行编辑？

　　（4）如何更改缝纫线类型？

　　（5）做版片折边量比较简单的方法是什么？

10.5.2　项目实训

场景设计与搭建。

10.6　项目评价与总结

10.6.1　项目评价

评价项目 与分数	场景空间设计 （30分）	服装陈列设计 （25分）	道具设计 （25分）	整体色彩搭配 （20分）
	空间比例及透视关系是 否准确	服装折叠平整程度，摆 放是否合理	道具制作效果，陈列 布局是否合理	整体色彩搭配是否协 调美观
教师评价（60%）				
学生互评（20%）				
学生自评（20%）				
总分合计				

10.6.2　项目总结

通过完成此项目，你学到哪些知识和技能？还有哪些不足之处，并准备如何弥补和提升？

✂ 项目 11
动态展示

11.1 项目表单

项目名称	动态展示
项目描述	利用"动画编辑"工具，将制作完成的数字化服装录制成走秀视频，进行动态展示
项目内容	1. 齐色制作； 2. 动态视频录制； 3. 动态视频编辑； 4. 动态视频保存
项目目标	知识目标： 1. 掌握数字动态展示视频的制作方法； 2. 掌握数字动态展示视频的编辑方法； 3. 掌握数字动态展示视频的导出方法。 技能目标： 1. 能够对已有数字虚拟成衣进行动态视频录制； 2. 能够对已经录制好的视频添加关键帧和齐色； 3. 能够导出已经编辑好的动态视频。 素养目标： 1. 提升学生的艺术鉴赏能力，培养民族文化自信； 2. 培养学生文化传承的责任感和使命感； 3. 培养学生在面对困难和枯燥时保持耐心与毅力； 4. 培养学生敬业、精益、专注、创新的工匠精神
项目重点	动态视频录制、齐色制作
项目难点	关键帧设计
项目资源	1. 微视频； 2. 网络课程

11.2　项目准备

（1）准备需要制作动画的数字样衣。

（2）登录泛雅平台，预习网络课程。

（3）课前思考。

1）影响视频画质的因素有哪些？

2）什么是分辨率？

3）什么是码率？

4）什么是帧率？

11.3　项目实施

11.3.1　录制视频

微课：动态
展示

（1）打开走秀项目文件，选择连衣裙，如图 11-1 所示。

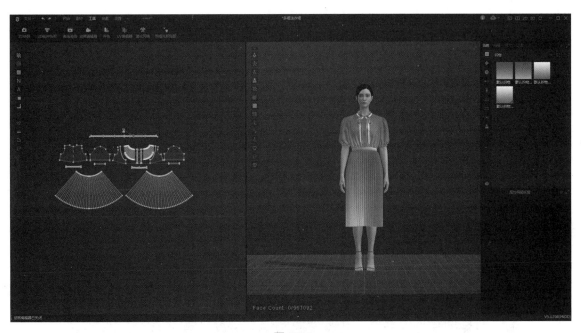

图 11-1

（2）在"工具"菜单中选择"动画编辑"工具 ，进入"动画编辑"窗口，如图 11-2 所示。

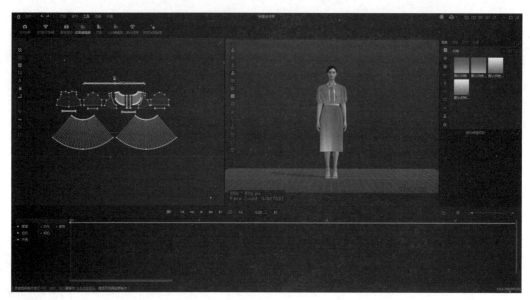

图 11-2

TIP:

动画编辑器将虚拟服装以动态和走秀的方式进行展示，可以设计走秀路线和动作，也可以将录制的动画导出，然后利用其他视频编辑软件进行编辑（图 11-3）。

1）录制 / 暂停：单击此按钮可以开始或暂停录制动画。

2）转到开始：播放帧直接跳转到开始帧。

3）转到结束：播放帧直接跳转到结束帧。

4）上一帧：从当前位置向前跳一帧。

5）下一帧：从当前位置向后跳一帧。

6）播放：从当前位置播放已经录制好的动画。

7）循环播放：循环播放已经录制好的动画。

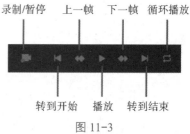

图 11-3

（3）添加动作。单击左下角"动作"按钮，如图 11-4 所示。根据模特鞋子（高跟鞋还是平底鞋）选择需要的动作，此连衣裙案例搭配的是高跟鞋，因此，可以在高跟鞋动态和高跟鞋走秀中进行选择，如图 11-5 所示。这里选择"女高跟走秀 T"，如图 11-6 所示。

图 11-4

图 11-5

图 11-6

TIP:

动作可分为平底鞋动态、平底鞋走秀和高跟鞋动态、平底鞋走秀，根据模特鞋子进行选择。

添加动作后，模特会自动移至起始点，如图 11-7 所示。在动画录制之前可以先对"动画属性"

进行设置，主要对模拟帧率、品质和分辨率等进行设置，如图 11-8 所示。

图 11-7   图 11-8

（4）录制动画。单击"录制 / 暂停"按钮 ▣，开始动画录制，如图 11-9 所示。当服装黄色条与动作蓝色条平齐时，动画录制完成。

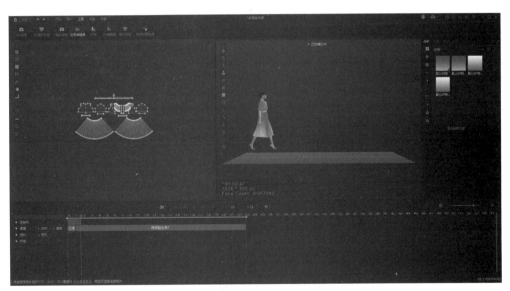

图 11-9

TIP：

录制动画时，虚拟模特会按照系统设定的路线，模拟真实 T 台效果走秀，录制动画过程较慢，需要耐心等待。录制动画之前要检查服装上面是否有固定针和冷冻等效果，如果有要删除固定针，解除冷冻。

11.3.2　编辑视频

1. 添加关键帧

录制好的视频内容就是虚拟模特从 T 台一边进入，到台前亮相，然后走到 T 台另一边结束。

为了能够从不同角度观看服装的动态展示效果，可以添加关键帧。单击"相机"按钮 相机，里面有系统已经设计好的关键帧，可以直接使用，如选择"女高跟走秀 T"，就可以在模特走秀时从不同角度进行观看。添加好的关键帧如图 11-10 所示。

图 11-10

　　除此之外，也可以自己设计关键帧。将进度条拖拽到合适的位置，在 3D 视窗将虚拟模特调整好远近和角度，在相机条上单击鼠标右键，在弹出的快捷菜单中选择"创建关键帧"选项，如图 11-11 所示。可以根据需要在不同进度调整好模特视角添加关键帧。在已经添加的关键帧上单击鼠标右键，还可以对关键帧进行覆盖关键帧、删除关键帧、过渡效果和过渡速度等编辑，如图 11-12 所示。

图 11-11　　　　　　　　　　　　　　　图 11-12

TIP：

　　关键帧的添加要根据设计需要，可以不加关键帧，使模特按照系统程序走完即可。添加关键帧是为了能够从多角度更好地展示服装，也可以使动态展示效果更加灵动和多样化。

2. 添加齐色

　　如果要在动画中添加齐色，首先要在"齐色"窗口中做好齐色效果。在"工具"菜单中选择"齐色"工具 📱，进入"齐色"窗口，如图 11-13 所示。

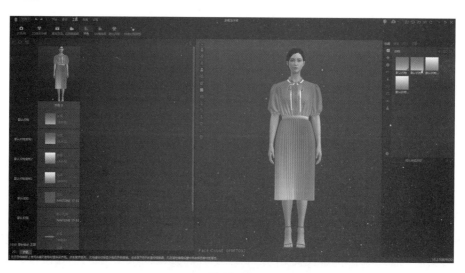

图 11-13

单击"齐色"窗口左上角"生成新的齐色样"按钮 ➕，如图 11-14 所示，然后选中要编辑的面料，在"属性编辑视窗"中对面料属性进行编辑，如更换颜色、更换纹理及物理属性等。编辑完成以后，单击"更新"按钮 ⊙ 即可。可以根据需要添加多个齐色效果，如图 11-15 所示。

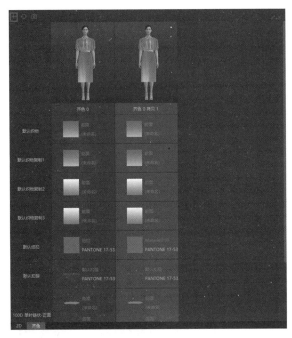

图 11-14

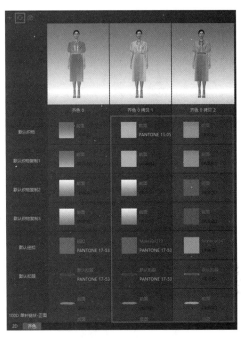

图 11-15

TIP:

同一款式服装，通过齐色功能可以快速更换色彩、图案和面料属性等，从而得到多个设计方案，并可以在同一个动画中进行展示。

在"动画"窗口的齐色条的开始位置单击鼠标右键，在弹出的快捷菜单中选择"创建关键帧"选项，如图 11-16 所示，然后在"属性编辑视窗"的"齐色"区域选择最开始出现的服装，如图 11-17 所示。把想要出现的齐色服装分别在想要出现的位置创建关键帧，当进行动态展示时，到了齐色关键帧的位置，服装就会自动展示该位置选择的齐色款。

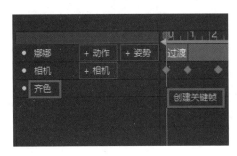

图 11-16

图 11-17

3. 添加舞台或背景

舞台或背景可以自己搭建，也可以利用已有的资源。打开"资源库"，在"场景库"中可以选择自己需要的背景和舞台，本案例使用的是"舞台 01"，如图 11-18 所示。添加后的 3D 效果如图 11-19 所示。

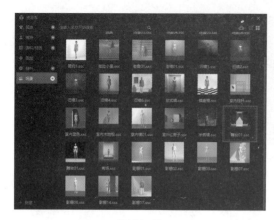

图 11-18

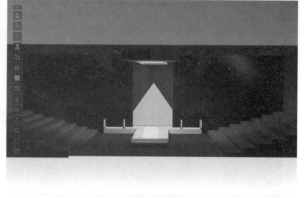

图 11-19

TIP:

在"资源库"的"场景库"中，双击"舞台01"后会弹出"打开场景文件"对话框，在"加载类型"下拉列表中选择"添加"选项，如图 11-20 所示。

11.3.3　导出视频

添加完关键帧、齐色、舞台等效果后，就可以将录制好的动画导出。

单击"导出视频"按钮 ，如图 11-21 所示。视频导出格式可以选择 MP4、AVI 和 GIF，也可以直接保存、本地渲染或云端渲染。直接保存时间比较短，但是视频品质不高，本地渲染视频品质会提高，但是渲染时间较长。

图 11-20

图 11-21

TIP:

导出的视频可以通过其他的视频编辑软件进行编辑，如插入音乐和制作特效等。

动画展示效果如图 11-22 ～图 11-24 所示。

图 11-22

图 11-23

图 11-24

11.4 素养提升

京绣大师——梁淑平

梁淑平，国家级非物质文化遗产代表性项目京绣传承人，自幼跟随父亲学习京绣，逐步形成自己独特的风格和技法。请扫描二维码了解详情，思考和探讨以下问题。

（1）京绣的特点是什么？

（2）梁淑平为什么会成为京绣非遗传承人？

微课：京绣大师
——梁淑平

旗袍大师——褚宏生

褚宏生，上海旗袍著名制作大师，被称为"海派旗袍活字典"，他一生只专注于一件事——制作旗袍。请扫描二维码了解详情，思考和探讨海派旗袍的特点和细节，以及如何学习褚宏生敬业、精益、专注、创新的工匠精神。

微课：旗袍大师
——褚宏生

11.5 项目思考与实训

11.5.1 项目思考

（1）保存视频时常用的格式有哪几种？

（2）"齐色"工具和"动画编辑"工具在哪个菜单中？

（3）动画编辑器中的模特动作主要根据什么添加？

（4）动画编辑器中是否可以添加音乐？

（5）简述动画编辑过程。

11.5.2 项目实训

动态展示视频制作。

11.6 项目评价与总结

11.6.1 项目评价

评价项目与分数	视频录制 （30 分）	视频编辑 （50 分）	视频导出 （20 分）
	服装与虚拟模特动态展示是否自然顺畅	虚拟模特不同视角的服装展示效果，齐色、舞台搭建效果	视频导出效果
教师评价（60%）			
学生互评（20%）			
学生自评（20%）			
总分合计			

11.6.2 项目总结

通过完成此项目，你学到哪些知识和技能？还有哪些不足之处，并准备如何弥补和提升？

REFERENCES
参考文献

［1］王舒，刘郴.3D 数字化服装设计［M］.北京：中国纺织出版社，2022.

［2］贾玺增.中外服装史［M］.3 版.上海：东华大学出版社，2024.